应用型本科机电类专业"十三五"规划精品教材

工程力学 III

GONGCHENG LIXUE III

U0248553

主 编 林 巍 王海文

副主编 刘绍力 董少峥 李俊杰

华中科技大学出版社
http://www.hustp.com
中国·武汉

内 容 简 介

本书为"工程力学"系列教材(共三册)的第 III 册,由工程动力学和材料力学专题内容组成。本书在满足教学基本要求的前提下,力求做到提高起点、精炼内容、减少重复、合理组织,尽量符合学生的认知特点和教学规律。

本书可作为高等工科院校本科各专业的力学基础课程教材,也可供广大工程技术人员阅读参考。

为了方便教学,本书还配有电子课件等教学资源包,任课教师和学生可以登录"我们爱读书"网(www.ibook4us.com)免费注册并浏览,或者发邮件至 hustpeiit@163.com 免费索取。

图书在版编目(CIP)数据

工程力学. III/林巍,王海文主编. —武汉:华中科技大学出版社,2017.6
应用型本科机电类专业"十三五"规划精品教材
ISBN 978-7-5680-2823-3

I.①工⋯ II.①林⋯ ②王⋯ III.①工程力学-高等学校-教材 IV.①TB12

中国版本图书馆 CIP 数据核字(2017)第 103163 号

工程力学 III
Gongcheng Lixue III

林 巍 王海文 主编

策划编辑:康 序
责任编辑:舒 慧
责任监印:朱 玢
出版发行:华中科技大学出版社(中国·武汉)   电话:(027)81321913
　　　　　武汉市东湖新技术开发区华工科技园   邮编:430223
录　排:武汉正风天下文化发展有限公司
印　刷:仙桃市新华印务有限责任公司
开　本:787mm×1092mm 1/16
印　张:10
字　数:255 千字
版　次:2017 年 6 月第 1 版第 1 次印刷
定　价:28.00 元

前言 PREFACE

为了积极推进工程力学教学内容和课程体系的改革，更好地适应高等院校"工程力学"课程的教学需求，在总结近年来的探索与实践经验的基础上，我们编写了这套"工程力学"系列教材。

本套教材对传统的理论力学和材料力学课程内容进行融汇、整合和取舍后，分成几个模块，每个模块内容单独成册。第Ⅰ册为静力学和材料力学基础模块，第Ⅱ册为运动学和动力学基础模块，第Ⅲ册为工程动力学和材料力学专题模块。本书为"工程力学"系列教材的第Ⅲ册，内容包括能量法、超静定结构分析、平面曲杆、动载荷、疲劳及工程力学的进一步问题等，大约需要32学时，可作为机械类和近机械类专业的力学基础必修课程的教材，对于其他专业，教师可斟酌取舍。

本书在满足教学基本要求的前提下，力求做到提高起点、精炼内容、减少重复、合理组织，以进一步突出基本概念、基本理论和基本方法，同时适当拓宽知识面，介绍本学科发展的新成果。

本书在编写过程中尽量做到符合学生的认知特点和教学规律，合理选择和安排例题及习题，书中采用的力学术语名词均执行了最新发布的国家标准的有关规定。

本书由大连工业大学的林巍、王海文担任主编，由大连工业大学艺术与信息工程学院的刘绍力、董少峥和南宁学院的李俊杰担任副主编。本书共分为6章，其中林巍老师编写了第6章，王海文老师编写了绪论、第1章、第2章、附录及参考文献，刘绍力老师编写了第4章，董少峥老师编写了第5章，李俊杰老师编写了第3章，崔杨、宫玉瑶、康璐、王艺菲、王中鑫、朱琳协助进行了资料的整理工作。全书最后由林巍老师审核并统稿。

限于编者水平有限，书中难免存在不足之处，敬请广大读者批评指正。

为了方便教学，本书还配有电子课件等教学资源包，任课教师和学生可以登录"我们爱读书"网(www.ibook4us.com)免费注册并浏览，或者发邮件至hust-peiit@163.com免费索取。

编　者
2017年4月

目录

绪　　论

　　学习了《工程力学Ⅰ》和《工程力学Ⅱ》后,在基本了解和掌握了物体的受力分析,构件的强度条件、刚度条件和稳定性条件及运动学和动力学问题的分析方法的基础上,本书着重介绍了工程动力学和材料力学专题,内容包括用能量法分析应力与变形、超静定问题的分析方法及动载荷作用下的动力设计等。这些是众多力学学科分支中最基础的部分。

　　功能原理是固体力学最基本的重要原理。本书主要介绍用能量法解决工程问题的基本分析方法,包括外力的功与应变能的一般表达式、克拉贝隆原理、互等定理、莫尔定理、图形互乘法及卡氏定理等,研究对象有直杆、曲杆、桁架及刚架等。能量法不仅可用于分析构件和结构的位移与应力,还可用于分析与变形有关的其他问题。

　　当结构的约束反力不能仅仅根据平衡条件求出时,该结构即成为超静定结构。超静定结构的问题需要按变形协调条件建立补充方程才能得以解决。由于工程上存在大量的超静定结构,因此超静定结构的分析计算就成为工程力学研究的重要课题之一。

　　动载荷作用下的动力设计要比静力设计复杂得多。对于动载荷作用下的动力设计,首先要分析构件的运动规律以及运动与力之间的关系,然后研究在动态力的作用下构件的强度与刚度等问题。

　　随着科学研究的进步,特别是生产和技术的长期发展,工程力学的内涵也在不断发生变化,有些属于工程力学范围的方面,甚至曾经是工程力学研究的细小方面的问题,已经发展成一些独立的范畴,形成了新的学科或科学。这些内容可作为工程力学经典内容的继续与扩充,也可作为进一步研究工程结构的强度和刚度等问题的起点与基础。本书对这些内容也做了概括的介绍,供读者参阅与思考。

第1章 能 量 法

1.1 变形能的计算

一、外力功与变形能

弹性体在外力的作用下会发生变形,在变形过程中,外力作用点会产生位移,因此外力将在相应的位移上做功。在变形过程中,外力沿其作用线方向所做的功称为外力功。与此同时,在弹性范围内,当外力为静载荷(即外力从零开始缓慢增加到最终值)时,由于变形而储存于该弹性体内部的能量,称为变形能。若外力撤除,变形能又可以全部转变为外力功,使弹性体恢复到原来的形状。这就是说,在弹性范围内,变形能是可逆的。例如,钟表的发条在拧紧过程中,外力功以变形能的形式储存于发条中,当发条放松时,变形能不断释放,从而驱使齿轮带动时针转动。当变形能全部释放后,发条就恢复原状,钟表也就停止走动。

当作用在弹性体上的外力为静载荷时,在变形过程中除了变形能外,动能及其他能量的变化很小,可以忽略不计,根据能量守恒定律可以认为,弹性体内储存的变形能 U 在数值上等于外力所做的功 W,即

$$U = W \tag{1-1}$$

通常将式(1-1)称为功能原理。利用功能原理计算和分析结构及杆件的位移、变形和内力等问题的方法称为能量法。

二、基本变形时变形能的计算

根据功能原理 $U = W$,弹性变形能可以通过外力功求得。

(一)轴向拉伸或压缩时变形能的计算

在弹性范围内,当杆内应力小于比例极限时,杆件在静载荷作用下的轴向变形 Δl 与轴向拉力 F 成正比,如图 1-1 所示。

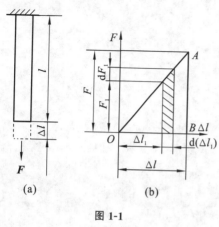

图 1-1

当拉力缓慢地增加到 F_1 时,杆件的伸长为 Δl_1,即拉力作用点的位移为 Δl_1。在此基础上,拉力有一微小增量 dF_1,则杆件的变形也相应地增加了 $d(\Delta l_1)$,在此过程中外力功的增量为

$$dW = F_1 d(\Delta l_1)$$

不难看出,dW 等于图 1-1(b) 中阴影部分的微面积。若将拉力看作是一系列 F_1 的积累,则拉力 F 所做的总功 W 应为上述微功的总和,即

$$W = \int_0^{\Delta l} F_1 d(\Delta l_1)$$

由上式可知,W 等于 F-Δl 关系曲线下的面积。由于在弹性范围内,F 与 Δl 为线性关系,于是有

$$W = \frac{1}{2} F \Delta l$$

上式表明,在静载荷作用下,外力对弹性体所做的功等于外力的最终值与相应位移的最

终值的乘积的一半,在数值上与 $F\text{-}\Delta l$ 图中$\triangle OAB$ 的面积相等。需要指出的是,在计算外力功时要区别是变力做功还是常力做功。若变力做功,则功的表达式中的系数为 $\frac{1}{2}$;若常力(如重力)做功,则功的表达式中的系数为 1。

根据功能原理 $U=W$ 可知,轴向拉伸时的变形能为

$$U=W=\frac{1}{2}F\Delta l \tag{1-2}$$

式中,F 为拉力。若轴力 $F_N=F$,且 $\Delta l=\dfrac{F_N l}{EA}$,则式(1-2)可改写为

$$U=\frac{1}{2}F\Delta l=\frac{F_N^2 l}{2EA}$$

或

$$U=\frac{1}{2}F\Delta l=\frac{EA}{2l}(\Delta l)^2 \tag{1-3}$$

由式(1-3)可知,杆件轴向拉伸时的变形能是内力或变形的二次函数。

若外力比较复杂,沿杆件轴线方向的轴力为变量 $F_N(x)$ 时,可先计算杆长为 dx 的微段内的变形能,即

$$dU=\frac{F_N^2(x)dx}{2EA}$$

然后积分,计算整个杆件的变形能,即

$$U=\int_l \frac{F_N^2(x)dx}{2EA} \tag{1-4}$$

若结构是由 n 根直杆组成的桁架,则整个结构内的变形能应为

$$U=\sum_{i=1}^{n}\frac{F_{Ni}^2 l_i}{2E_i A_i} \tag{1-5}$$

以上推导对轴向压缩也同样适用。但要注意,这些公式只有在线弹性范围内才能应用。

(二) 圆轴扭转时变形能的计算

当圆轴的两端受到一对外力偶的作用,且作用平面与轴线垂直时,圆轴就会发生扭转变形,如图 1-2(a) 所示。在线弹性范围内,圆轴的转角 φ 与外力偶矩 T_e 的关系也是一条斜直线,如图 1-2(b) 所示。在变形过程中外力偶矩 T_e 所做的功为

$$W=\frac{1}{2}T_e\varphi$$

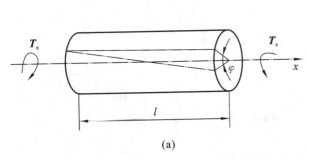

(a)

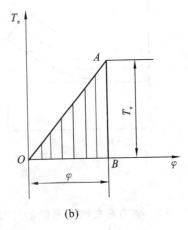

(b)

图 1-2

若圆轴各横截面上的扭矩 $T = T_e$，且转角 $\varphi = \dfrac{Tl}{GI_p}$，则根据功能原理可得，圆轴扭转时的变形能为

$$U = W = \frac{T^2 l}{2GI_p}$$

或

$$U = W = \frac{GI_p}{2l}\varphi^2 \tag{1-6}$$

当扭矩沿轴线方向为变量 $T(x)$ 时，可先计算杆长为 $\mathrm{d}x$ 的微段内的变形能，然后对整个圆轴积分，即可得整个圆轴扭转时的变形能，即

$$U = \int_l \frac{T^2(x)\,\mathrm{d}x}{2GI_p} \tag{1-7}$$

（三）梁弯曲时变形能的计算

1. 纯弯曲时变形能的计算

在线弹性范围内，梁在纯弯曲时（见图 1-3(a)），转角 θ 与外力偶矩 M_o 成正比（见图 1-3(b)），外力偶矩在变形过程中所做的功在数值上等于 M_o-θ 图中斜直线下的面积，即

$$W = \frac{1}{2}M_o\theta$$

梁在纯弯曲时，各横截面上的变矩 $M = M_o$，且转角 $\theta = \dfrac{M_o l}{EI}$，根据功能原理可得，梁纯弯曲时的变形能为

$$U = W = \frac{M^2 l}{2EI}$$

或

$$U = W = \frac{EI}{2l}\theta^2 \tag{1-8}$$

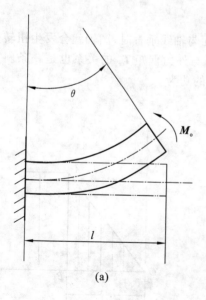

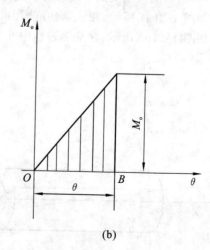

(a)　　　　　　　　　　　　　(b)

图 1-3

2. 横力弯曲时变形能的计算

在横力弯曲时（见图 1-4(a)），梁横截面上既有弯矩又有剪切力（见图 1-4(b)），它们将分

别引起剪切变形能和弯曲变形能(见图 1-4(c)、图 1-4(d))。但在一般细长梁中,由于剪切变形能很小,可以忽略不计,故只需计算弯曲变形能。

横力弯曲时,梁横截面上的弯矩 $M(x)$ 随横截面位置的变化而变化。因此,研究梁的变形能时,需从梁上截取微段 $\mathrm{d}x$ 来研究。忽略弯矩增量 $\mathrm{d}M(x)$,在微段 $\mathrm{d}x$ 上作用的弯矩 $M(x)$ 可视为常量,所以微段 $\mathrm{d}x$ 可视作纯弯曲情况(见图 1-4(c)),它的变形能可由式(1-8)求得,即

$$\mathrm{d}U = \frac{M^2(x)\mathrm{d}x}{2EI}$$

将上式对梁的全长进行积分,可得整个梁的弯曲变形能为

$$U = \int_l \mathrm{d}U = \int_l \frac{M^2(x)\mathrm{d}x}{2EI} \tag{1-9}$$

如果弯矩方程 $M(x)$ 需分段写出,则上式必须分段进行积分,然后将所得结果相加,即可得整个梁的变形能。

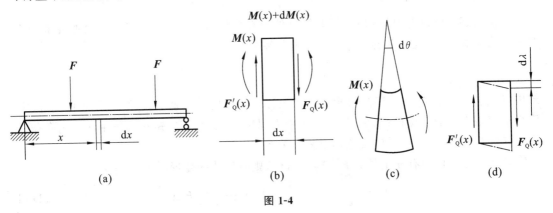

图 1-4

三、组合变形时变形能的计算

对于圆截面杆件组合变形时的变形能,所取微段 $\mathrm{d}x$ 如图 1-5(a)所示。

设在该微段的两端截面上同时存在轴力、扭矩、弯矩及剪切力,它们分别在各自引起的位移上做功,且相互独立,互不影响,如图 1-5(b)、图 1-5(c)、图 1-5(d)所示,则可根据力的独立作用原理,采用叠加法求解圆截面杆件组合变形时的变形能。如果忽略剪切力所做的功,则根据功能原理可得,整个圆截面杆件的变形能为

$$U = \int_l \frac{F_N^2(x)\mathrm{d}x}{2EA} + \int_l \frac{T^2(x)\mathrm{d}x}{2GI_p} + \int_l \frac{M^2(x)\mathrm{d}x}{2EI} \tag{1-10}$$

上式是圆截面杆件的变形能的计算公式。若截面并非圆形,则上式第二项中的 I_p 应改为 I_n。对于杆系,可先用式(1-10)计算出每根杆的变形能,然后再相加。

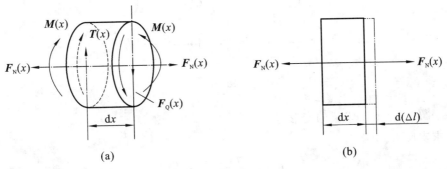

图 1-5

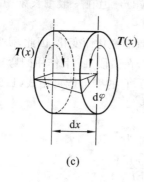

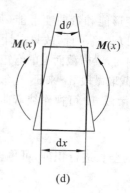

(c)

(d)

续图 1-5

四、变形能的普遍表达式

综上所述,杆件的变形能在数值上等于外力在变形过程中所做的功。在线弹性范围内,当外力为静载荷时,变形能的表达式可以统一写成

$$U = W = \frac{1}{2}F_i\Delta_i$$

式中,F_i 为广义力,Δ_i 为与广义力相对应的位移。当 F_i 是一个集中力时,Δ_i 是集中力作用点沿力的作用方向的线位移;当 F_i 是一个集中力偶矩时,Δ_i 是力偶矩在其作用面内的角位移。在线弹性范围内,广义力与广义位移呈线性关系。

若弹性体上作用有 n 个外力 $F_1,F_2,\cdots,F_n$,则弹性体的变形能为

$$U = \frac{1}{2}F_1\Delta_1 + \frac{1}{2}F_2\Delta_2 + \cdots + \frac{1}{2}F_n\Delta_n \tag{1-11}$$

上式表明,弹性体的变形能等于作用在结构上的各外力与相应位移的乘积的一半的和。式中的 F_i 和 Δ_i 应为最终状态的载荷和位移。该式只适用于线性弹性系统。

利用 $U = W = \frac{1}{2}F_i\Delta_i$ 可以计算构件或结构的位移。只有当构件上作用有唯一的载荷,而且所求位移恰为该载荷作用点(或作用面)沿载荷的作用方向与载荷相对应的位移时,才能利用上式;否则,不能使用上式。

例 1-1 如图 1-6 所示,简支梁受一集中载荷 F 的作用,试求此梁的变形能,并求 C 点的挠度。

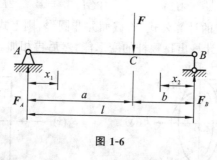

图 1-6

解 (1)求梁的变形能。
① 求支反力。

$$F_A = \frac{Fb}{l} , \quad F_B = \frac{Fa}{l}$$

② 分段列出弯矩方程并计算变形能。

AC 段　　$(0 \leqslant x_1 \leqslant a)$

$$M(x_1) = F_A x_1 = \frac{Fb}{l} x_1$$

$$U_{AC} = \int_0^a \frac{M^2(x_1)\,\mathrm{d}x_1}{2EI} = \int_0^a \frac{F^2 b^2 x_1^2}{2EI l^2}\,\mathrm{d}x_1 = \frac{F^2 b^2 a^3}{6EI l^2}$$

BC 段　　$(0 \leqslant x_2 \leqslant b)$

$$M(x_2) = F_B x_2 = \frac{Fa}{l} x_2$$

$$U_{BC} = \int_0^b \frac{M^2(x_2)\,\mathrm{d}x_2}{2EI} = \int_0^b \frac{F^2 a^2 x_2^2}{2EI l^2}\,\mathrm{d}x_2 = \frac{F^2 a^2 b^3}{6EI l^2}$$

故梁的变形能为

$$U = U_{AC} + U_{BC} = \frac{F^2 a^2 b^2}{6EI l}$$

（2）求 C 点的挠度。

根据功能原理可得

$$\frac{1}{2} F y_C = \frac{F^2 a^2 b^2}{6EI l}$$

解得

$$y_C = \frac{F a^2 b^2}{3EI l} (\downarrow)$$

如果载荷作用在梁的中点处，即 $a = b = \dfrac{l}{2}$，则梁跨中点的挠度为

$$y_C = \frac{F l^3}{48EI} (\downarrow)$$

求得的 y_C 为正值，说明 y_C 的方向与力的作用方向相同，即向下。

五、变形能的性质

（1）变形能恒为正值。

（2）由于变形能是内力的二次函数，因此对于那些不能相互独立做功的载荷，变形能的计算绝不能用叠加法。只有当各个外力做功相互独立而互不影响时，变形能才可以叠加。上述杆件组合变形时的变形能即属于此类情况。

（3）变形能的大小只与外力和位移的最终值有关，而与加载的中间过程或加载的先后次序无关。

例 1-2　试分别计算图 1-7 所示的各梁的变形能。

解　（1）求梁在集中力 **F** 单独作用时的变形能（见图 1-7(a)）。

$$U_F = \int_0^l \frac{M^2(x)\,\mathrm{d}x}{2EI} = \int_0^l \frac{(Fx)^2\,\mathrm{d}x}{2EI} = \frac{F^2 l^3}{6EI}$$

（2）求梁在力偶矩 **M**$_e$ 单独作用时的变形能（见图 1-7(b)）。

$$U_{M_e} = \int_0^l \frac{M^2(x)\,\mathrm{d}x}{2EI} = \int_0^l \frac{M_e^2\,\mathrm{d}x}{2EI} = \frac{M_e^2 l}{2EI}$$

（3）求梁在集中力 **F** 和力偶矩 **M**$_e$ 共同作用时的变形能（见图 1-7(c)）。

任一横截面的弯矩方程为

$$M(x) = M_e + Fx$$

则梁的变形能为

$$
\begin{aligned}
U &= \int_l \frac{M^2(x)\mathrm{d}x}{2EI} = \frac{1}{2EI}\int_0^l M^2(x)\mathrm{d}x \\
&= \frac{1}{2EI}\int_0^l (M_e + Fx)^2 \mathrm{d}x = \frac{1}{2EI}\int_0^l (M_e^2 + 2FM_e x + F^2 x^2)\mathrm{d}x \\
&= \frac{M_e^2 l}{2EI} + \frac{F^2 l^3}{6EI} + \frac{FM_e l^2}{2EI}
\end{aligned}
$$

求得的结果中，第一项为力偶矩 M_e 单独作用时的变形能，第二项为集中力 F 单独作用时的变形能，第三项为集中力 F 和力偶矩 M_e 共同作用时在相互影响下所做的功。由上述分析可知，梁在集中力 F 和力偶矩 M_e 共同作用时的变形能并不等于梁分别在集中力 F 和力偶矩 M_e 单独作用时的变形能之和，即

$$
U \neq U_F + U_{M_e}
$$

综上所述，变形能的计算一般不能采用叠加法。

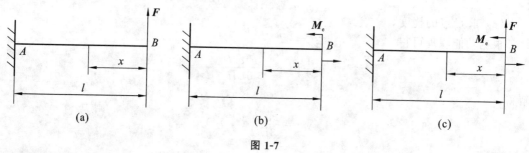

图 1-7

1.2 莫尔定理

能量法计算弹性体位移的方法有多种，本节介绍的莫尔定理（单位载荷法）是计算位移的一般方法。这个方法可以从不同的角度推导，这里利用功能原理来说明这一方法的原理。下面首先从梁弯曲引起的位移来推导这种方法，然后再推广到其他的位移情况。

设简支梁在静载荷 $F_1, F_2, \cdots, F_n$（广义力）的作用下发生弯曲变形，如图 1-8(a) 所示，在各力作用点处引起的相应位移为 $\Delta_1, \Delta_2, \cdots, \Delta_n$，现求梁上任意一点 C 处的铅垂位移 Δ_C。

1. 变形能的计算

当梁上仅作用有载荷 $F_1, F_2, \cdots, F_n$ 时（见图 1-8(a)），梁的任一横截面上的弯矩方程为 $M(x)$，载荷分别在相应的位移上做功，则梁的变形能为

$$
U_F = \int_l \frac{M^2(x)\mathrm{d}x}{2EI} \tag{a}
$$

设在上述载荷 $F_1, F_2, \cdots, F_n$ 作用之前，先在梁上 C 点处沿铅垂方向作用一单位力 $F_0 = 1$，沿单位力方向的位移为 Δ_0，如图 1-8(b) 所示，梁的弯矩方程为 $M^0(x)$，则梁的变形能为

$$
U_{F_0} = \int_l \frac{[M^0(x)]^2 \mathrm{d}x}{2EI} \tag{b}
$$

若在单位力作用后，再把载荷 $F_1, F_2, \cdots, F_n$ 作用在梁上，则梁的变形即从虚线位置变为实线位置，如图 1-8(c) 所示。根据叠加原理，梁的任一横截面上的弯矩方程为 $M(x) + M^0(x)$，则梁的变形能为

$$
\begin{aligned}
U &= \int_l \frac{[M(x) + M^0(x)]^2 \mathrm{d}x}{2EI} \\
&= \int_l \frac{M^2(x)\mathrm{d}x}{2EI} + \int_l \frac{M(x)M^0(x)\mathrm{d}x}{EI} + \int_l \frac{[M^0(x)]^2 \mathrm{d}x}{2EI}
\end{aligned}
$$

$$= U_F + U_{F_0} + \int_l \frac{M(x)M^0(x)\,\mathrm{d}x}{EI} \tag{c}$$

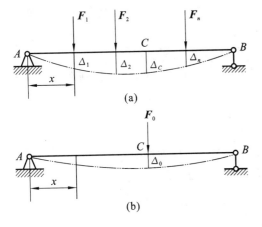

(a)

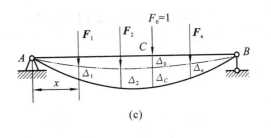

(c)

(b)

图 1-8

2. 外力功的计算

如前所述,外力功的大小只与载荷的最终值有关,而与加载方式和次序无关。现假设先将单位力 F_0 加在梁上 C 点,则梁的挠曲线如图 1-8(b) 中的虚线所示,C 点的位移为 Δ_0;然后将载荷 $F_1, F_2, \cdots, F_n$ 加在梁上,则梁的挠曲线如图 1-8(c) 中的实线所示。在整个加载过程中,载荷 $F_1, F_2, \cdots, F_n$ 所做的功为

$$W_F = \frac{1}{2}\sum_{i=1}^{n} F_i \Delta_i = \frac{1}{2}F_1\Delta_1 + \frac{1}{2}F_2\Delta_2 + \cdots + \frac{1}{2}F_n\Delta_n \tag{d}$$

单位力 F_0 所做的功由两部分组成:只作用有单位力时,单位力所做的功为 $\frac{1}{2}F_0\Delta_0$;当载荷 $F_1, F_2, \cdots, F_n$ 作用到梁上后,单位力 F_0 作为常力所做的功为 $F_0\Delta_C$。因此,单位力 F_0 所做的总功为

$$W_{F_0} = \frac{1}{2}F_0\Delta_0 + F_0\Delta_C \tag{e}$$

所有外力所做的总功为

$$\begin{aligned} W &= W_F + W_{F_0} \\ &= \frac{1}{2}\sum_{i=1}^{n} F_i\Delta_i + \frac{1}{2}F_0\Delta_0 + F_0\Delta_C \end{aligned} \tag{f}$$

3. 莫尔定理的推导

根据功能原理 $U = W$ 可得

$$\frac{1}{2}\sum_{i=1}^{n} F_i\Delta_i + \frac{1}{2}F_0\Delta_0 + F_0\Delta_C = U_F + U_{F_0} + \int_l \frac{M(x)M^0(x)\,\mathrm{d}x}{EI}$$

由前面讨论可知

$$\frac{1}{2}\sum_{i=1}^{n} F_i\Delta_i = U_F, \qquad \frac{1}{2}F_0\Delta_0 = U_{F_0}$$

故得

$$F_0\Delta_C = \int_l \frac{M(x)M^0(x)\,\mathrm{d}x}{EI} \tag{g}$$

式中,$F_0 = 1$,因此上式可改写为

$$\Delta_C = \int_l \frac{M(x)M^0(x)\,\mathrm{d}x}{EI} \qquad\qquad (1\text{-}12)$$

式中,Δ_C 为梁上任意一点 C 处在外力作用下产生的铅垂位移,$M(x)$ 为外力作用时的弯矩方程,$M^0(x)$ 为单位力作用于 C 点时的弯矩方程。

式(1-12)即为莫尔定理的表达式,又称为莫尔积分。

以上讨论的是求梁上任意一点 C 的挠度。如果要求梁上任一截面的转角,则在该截面上加一单位力偶矩 $M_0 = 1$,故有

$$\theta = \int_l \frac{M(x)M^0(x)\,\mathrm{d}x}{EI}$$

上述莫尔定理是以梁为例推证的,它可以用来计算不同结构在载荷作用下的位移。

(1) 对于受节点载荷作用的桁架,也可按相同的方法推得莫尔定理为

$$\Delta = \sum_{i=1}^{n} \frac{F_{Ni}F_{Ni}^0 l_i}{E_i A_i}$$

式中,F_{Ni} 为由外力引起的每根杆的轴力,F_{Ni}^0 为由单位力引起的每根杆的轴力,l_i 为每根杆的长度。

(2) 对于扭转的圆轴,按相同的方法推得莫尔定理为

$$\varphi = \int_l \frac{T(x)T^0(x)\,\mathrm{d}x}{GI_p}$$

(3) 对于刚架,忽略剪切力和轴力的影响,一般只考虑弯曲变形,则按相同的方法推得莫尔定理为

$$\Delta = \int_l \frac{M(x)M^0(x)\,\mathrm{d}x}{EI}$$

(4) 对于小曲率杆,忽略剪切力和轴力的影响,则按相同的方法推得莫尔定理为

$$\Delta = \int_s \frac{M(s)M^0(s)\,\mathrm{d}s}{EI}$$

(5) 对于组合变形的杆件,按相同的方法推得莫尔定理为

$$\Delta = \int_l \frac{F_N(x)F_N^0(x)\,\mathrm{d}x}{EA} + \int_l \frac{T(x)T^0(x)\,\mathrm{d}x}{GI_p} + \int_l \frac{M(x)M^0(x)\,\mathrm{d}x}{EI}$$

应用莫尔定理计算结构的位移时应注意以下几点。

(1) 必须考虑两个系统:第一个系统是由杆件承受实际载荷所组成的,称为载荷系统;第二个系统是由在去掉实际载荷的原杆件上施加一个与所求位移相对应的单位载荷所组成的,称为单位载荷系统。

(2) 所求的位移和施加的单位载荷可以分别理解为广义位移和相应的广义力。在所求位移处沿位移方向施加一个与位移相对应的单位载荷。例如:若 Δ 为线位移,则单位载荷为施加于该点处的沿所求位移方向的单位力;若 Δ 为角位移,则单位载荷为施加于角位移所在截面上的单位力偶矩;若 Δ 为两点间的相对线位移,则单位载荷为施加在两点处的方向相反的一对单位力,其作用线与两点的连线重合。

所施加的单位载荷的指向可以任意假定。若求得的位移为正值,则表示所求位移与所施加的单位载荷的方向相同;若求得的位移为负值,则表示所求位移与所施加的单位载荷的方向相反。

(3) 计算时,由单位载荷和实际载荷分别引起的内力应采用相同的正负号规定。在分段列内力方程时,载荷系统和单位载荷系统所选取的坐标必须完全一致。

例 1-3　如图 1-9(a)所示,桁架在节点 C 处受集中力 F 的作用,试求节点 C 处的水平位移 Δ_{CH}。设各杆的抗拉(压)刚度 EA 相同。

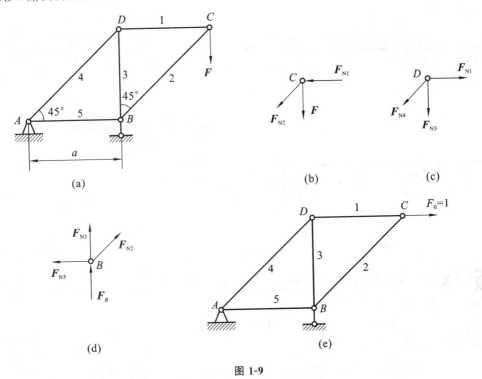

图 1-9

解　(1) 由于桁架在节点 C 处受集中力 F 的作用(见图 1-9(a)),因此利用节点法(见图 1-9(b)、图 1-9(c)、图 1-9(d))可得,各杆的轴力为

$$F_{N1} = F, \quad F_{N2} = -\sqrt{2}F, \quad F_{N3} = -F, \quad F_{N4} = \sqrt{2}F, \quad F_{N5} = -F$$

(2) 在节点 C 处施加一水平单位力(见图 1-9(e)),利用节点法求得各杆的轴力为

$$F_{N1}^0 = 1, \quad F_{N2}^0 = 0, \quad F_{N3}^0 = -1, \quad F_{N4}^0 = \sqrt{2}, \quad F_{N5}^0 = 0$$

(3) 计算 Δ_{CH}。为了便于计算,将以上结果列于表 1-1 中。

表 1-1　各杆的长度及轴力

杆　　号	l_i	F_{Ni}	F_{Ni}^0	$F_{Ni}F_{Ni}^0 l_i$
1	a	F	1	Fa
2	$\sqrt{2}a$	$-\sqrt{2}F$	0	0
3	a	$-F$	-1	Fa
4	$\sqrt{2}a$	$\sqrt{2}F$	$\sqrt{2}$	$2\sqrt{2}Fa$
5	a	$-F$	0	0

$$\sum_{i=1}^{5} F_{Ni}F_{Ni}^0 l_i = 2(1+\sqrt{2})Fa$$

故得

$$\Delta_{CH} = \sum_{i=1}^{5} \frac{F_{Ni}F_{Ni}^0 l_i}{EA} = \frac{2(1+\sqrt{2})Fa}{EA}(\rightarrow)$$

计算结果为正值，说明节点 C 处的水平位移的方向与单位力的方向相同。

例 1-4　试求图 1-10 所示的梁在 A 点的挠度和 B 截面的转角。

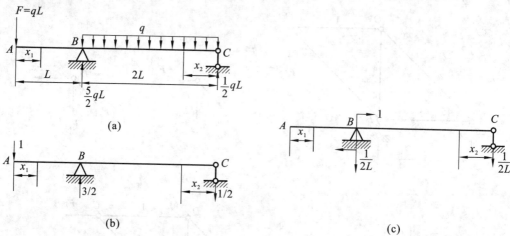

图 1-10

解　（1）列弯矩方程 $M(x)$ 与 $M^0(x)$。

AB 段：以 A 点为原点，有

$$M(x_1) = -qLx_1, \quad M^0(x_1) = -x_1, \quad M^{0'}(x_1) = 0$$

CB 段：以 C 点为原点，有

$$M(x_2) = \frac{qL}{2}x_2 - \frac{1}{2}qx_2^2, \quad M^0(x_2) = -\frac{x_2}{2}, \quad M^{0'}(x_2) = \frac{x_2}{2L}$$

（2）求 Δ_{AV} 和 θ_B。

$$\Delta_{AV} = \frac{1}{EI} \int_L M(x) M^0(x) \mathrm{d}x$$

$$= \frac{1}{EI} \left[\int_0^L (-qLx_1)(-x_1)\mathrm{d}x_1 + \int_0^{2L} \left(\frac{qL}{2}x_2 - \frac{1}{2}qx_2^2 \right)\left(-\frac{x_2}{2} \right)\mathrm{d}x_2 \right]$$

$$= \frac{2qL^4}{3EI} (\downarrow)$$

计算结果为正值，说明 A 点挠度的方向与单位力的方向相同。

$$\theta_B = \frac{1}{EI} \int_0^{2L} \left(\frac{qL}{2}x_2 - \frac{1}{2}qx_2^2 \right)\left(\frac{x_2}{2L} \right)\mathrm{d}x_2$$

$$= -\frac{qL^3}{3EI} (\downarrow)$$

计算结果为负值，说明 B 截面转角的实际转向与单位力偶矩的转向相反，应为逆时针方向。

例 1-5　图 1-11 所示为一等截面刚架，在 AC 段作用有均布载荷 q。已知刚架的抗弯刚度 EI 为常量，试求 B 处的水平位移 Δ_{BH} 及 D 截面的转角 θ_D。

解　（1）列刚架在载荷作用下（见图 1-11(a)）各段的弯矩方程。

$$M(x_1) = qax_1 - \frac{1}{2}qx_1^2, \quad M(x_2) = 0, \quad M(x_3) = \frac{1}{2}qax_3$$

（2）求 B 处的水平位移。

在 B 处施加水平单位力（见图 1-11(b)），则刚架在单位载荷作用下各段的弯矩方程为

$$M^0(x_1) = x_1, \quad M^0(x_2) = x_2, \quad M^0(x_3) = a$$

故 B 处的水平位移为

$$\Delta_{BH} = \int_l \frac{M(x)M^0(x)\mathrm{d}x}{EI}$$

$$= \int_0^a \frac{M(x_1)M^0(x_1)\mathrm{d}x_1}{EI} + \int_0^a \frac{M(x_2)M^0(x_2)\mathrm{d}x_2}{EI} + \int_0^a \frac{M(x_3)M^0(x_3)\mathrm{d}x_3}{EI}$$

$$= \frac{1}{EI}\left[\int_0^a \left(qax_1 - \frac{1}{2}qx_1^2\right)x_1\,\mathrm{d}x_1 + 0 + \int_0^a \frac{1}{2}qax_3 a\,\mathrm{d}x_3\right]$$

$$= \frac{11qa^4}{24EI}(\rightarrow)$$

（3）求 D 截面的转角。

在 D 截面上施加单位力偶矩（见图 1-11(c)），则刚架在单位力偶矩作用下各段的弯矩方程为

$$M^0(x_1) = 0, \quad M^0(x_2) = 0, \quad M^0(x_3) = \frac{x_3}{a} - 1$$

故 D 截面的转角为

$$\theta_D = \int_l \frac{M(x)M^0(x)\mathrm{d}x}{EI}$$

$$= \frac{1}{EI}\left[\int_0^a M(x_1)M^0(x_1)\mathrm{d}x_1 + \int_0^a M(x_2)M^0(x_2)\mathrm{d}x_2 + \int_0^a M(x_3)M^0(x_3)\mathrm{d}x_3\right]$$

$$= \frac{1}{EI}\left[0 + 0 + \int_0^a \frac{qa}{2}x_3\left(\frac{1}{a}x_3 - 1\right)\mathrm{d}x_3\right]$$

$$= -\frac{qa^3}{12EI}(\curvearrowleft)$$

计算结果为负值，说明 D 截面的转角的转向应为逆时针方向。

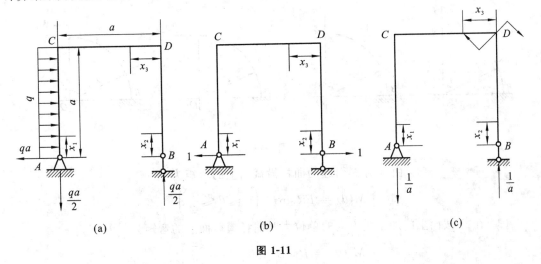

图 1-11

例 1-6　如图 1-12(a) 所示，刚架 ABC 位于水平面内，在 A 点受垂直于水平面的载荷 $\boldsymbol{F}$ 的作用，刚架的 EI 和 GI_p 已知，且均为常量，试求 A 点的铅垂位移 Δ_{AV}。

解　（1）在 A 点施加一个垂直于水平面的单位力，如图 1-12(b) 所示，则载荷 $\boldsymbol{F}$ 和单位力单独作用所引起的弯矩 $\boldsymbol{M}(x)$、$\boldsymbol{M}^0(x)$ 和扭矩 $\boldsymbol{T}(x)$、$\boldsymbol{T}^0(x)$ 分别如下：

AB 段　　($0 \leqslant x_1 \leqslant a$)

$$M(x_1) = -Fx_1, \quad M^0(x_1) = -x_1$$

BC 段　　($0 \leqslant x_2 \leqslant b$)

$$M(x_2) = -Fx_2, \quad M^0(x_2) = -x_2$$

$$T(x_2) = -Fa, \quad T^0(x_2) = -a$$

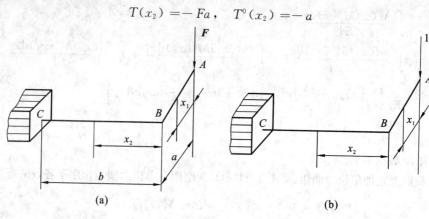

图 1-12

（2）求 A 点的铅垂位移。

根据莫尔定理可得

$$\Delta_{AV} = \int_l \frac{M(x)M^0(x)\mathrm{d}x}{EI} + \int_l \frac{T(x)T^0(x)\mathrm{d}x}{GI_p}$$

$$= \frac{1}{EI}\left[\int_0^a (-Fx_1)(-x_1)\mathrm{d}x_1 + \int_0^b (-Fx_2)(-x_2)\mathrm{d}x_2\right] + \frac{1}{GI_p}\int_0^b (-Fa)(-a)\mathrm{d}x_2$$

$$= \frac{F(a^3+b^3)}{3EI} + \frac{Fa^2b}{GI_p}(\downarrow)$$

例 1-7 利用莫尔定理求图 1-13 所示的曲杆的 A 截面的水平位移、铅垂位移及转角。

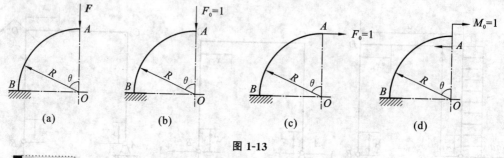

图 1-13

解 （1）由载荷 $\boldsymbol{F}$ 引起的曲杆横截面上的弯矩为

$$M(\theta) = FR\sin\theta \quad \left(0 \leqslant \theta \leqslant \frac{\pi}{2}\right)$$

（2）在 A 截面上施加铅垂方向的单位力时曲杆横截面上的弯矩为

$$M^0(\theta) = R\sin\theta \quad \left(0 \leqslant \theta \leqslant \frac{\pi}{2}\right)$$

（3）A 截面的铅垂位移为

$$\Delta_{AV} = \frac{1}{EI}\int_s M(\theta)M^0(\theta)\mathrm{d}s$$

$$= \frac{1}{EI}\int_0^{\frac{\pi}{2}} FR\sin\theta R\sin\theta R\,\mathrm{d}\theta$$

$$= \frac{\pi FR^3}{4EI}(\downarrow)$$

计算结果为正值，说明 A 截面的铅垂位移的方向与所施加的铅垂单位力的方向相同，即向下。

（4）计算 A 截面的水平位移。

由作用于 A 截面的水平单位力引起的曲杆横截面上的弯矩为

$$M^{0'}(\theta) = R(1 - \cos\theta)$$

则 A 截面的水平位移为

$$\Delta_{AH} = \frac{1}{EI} \int_s M(\theta)M^{0'}(\theta)\,\mathrm{d}s$$
$$= \frac{1}{EI} \int_0^{\frac{\pi}{2}} FR\sin\theta R(1 - \cos\theta)R\,\mathrm{d}\theta$$
$$= \frac{FR^3}{2EI}(\rightarrow)$$

计算结果为正值,说明 A 截面的水平位移的方向与所施加的水平单位力的方向相同。

(5) 计算 A 截面的转角。

由作用于 A 截面的单位力偶矩引起的曲杆横截面上的弯矩为

$$M^{0''}(\theta) = 1$$

因此 A 截面的转角为

$$\theta_A = \frac{1}{EI} \int_s M(\theta)M^{0''}(\theta)\,\mathrm{d}s$$
$$= \frac{1}{EI} \int_0^{\frac{\pi}{2}} FR\sin\theta \cdot 1 \cdot R\,\mathrm{d}\theta$$
$$= \frac{FR^2}{EI}(\swarrow)$$

计算结果为正值,说明 A 截面的转角的转向与单位力偶矩的转向相同。

由此可见,利用莫尔定理求曲杆变形是非常简便的。对于小曲率曲杆(曲杆轴线的曲率半径 R 与曲杆截面高度 h 的比值大于 5) 仍可用式(1-12),只是将公式中的 $\mathrm{d}x$ 换成曲杆微小弧段 $\mathrm{d}s$。

1.3　图形互乘法

对于等截面直杆,计算梁或刚架在载荷作用下的位移的莫尔定理为

$$\Delta = \int_l \frac{M(x)M^0(x)\,\mathrm{d}x}{EI}$$

因此,求位移的问题变为积分式 $\int_l M(x)M^0(x)\,\mathrm{d}x$ 的运算问题。当梁或刚架是直杆时,在单位力的作用下,被积函数 $M^0(x)$ 只能是常量或一次式,所以单位力的弯矩图必然是一条直线或折线。针对这一特点,可以用图形互乘法来代替积分运算法,使计算更加简便。

现以图 1-14 所示的等截面直梁 AB 为例来说明图形互乘法。

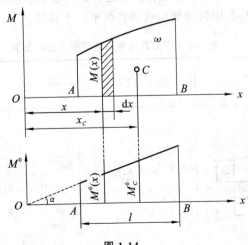

图 1-14

设梁在载荷作用下的 $M(x)$ 图为任意形状,梁在单位力作用下的 $M^0(x)$ 图为一斜直线,且该斜直线在 x 轴的同一侧。对于等截面直杆,EI 为常量,于是有

$$\int_A^B \frac{M(x)M^0(x)}{EI}dx = \frac{1}{EI}\int_A^B M(x)M^0(x)dx \tag{a}$$

然后讨论积分 $\int_A^B M(x)M^0(x)dx$。延长该斜直线,使之与基线 x 轴相交于 O 点,以 O 点为坐标原点,以 α 表示该斜直线的倾斜角,则 $M^0(x)$ 图中任意一点的纵坐标为

$$M^0(x) = x\tan\alpha$$

于是有

$$\int_A^B M(x)M^0(x)dx = \tan\alpha \int_A^B xM(x)dx \tag{b}$$

式(b)右边积分的几何意义为:$M(x)dx$ 是 $M(x)$ 图中画阴影线的微面积,用 $d\omega$ 表示,而 $xM(x)dx$ 为此微面积对 M 轴的静矩(面矩)。

若用 ω 表示 $M(x)$ 图的面积,x_C 表示 $M(x)$ 图的形心 C 到 M 轴的距离,则根据静矩定理可得

$$\int_A^B xM(x)dx = \omega x_C$$

于是式(b)可简化为

$$\int_A^B M(x)M^0(x)dx = \omega x_C\tan\alpha = \omega M_C^0 \tag{c}$$

式中,M_C^0 是 $M(x)$ 图的形心 C 所对应的 $M^0(x)$ 图上的纵坐标值,且 $M_C^0 = x_C\tan\alpha$。积分式 $\int_l M(x)M^0(x)dx$ 等于 $M(x)$ 图的面积 ω 与其形心 C 所对应的 $M^0(x)$ 图上的纵坐标值 M_C^0 的乘积。

因此,等截面直梁的积分式式(a)即可改写成

$$\Delta = \int_A^B \frac{M(x)M^0(x)}{EI}dx = \frac{\omega M_C^0}{EI} \tag{1-13}$$

这就是图形互乘法,简称图乘法。

式(1-13)仅是为了简化莫尔定理的积分运算而提供的一种方法,它将原来的积分运算用 $M(x)$ 图的面积和 $M^0(x)$ 图的纵坐标值的运算来代替。现将几种常见几何图形的面积及形心位置列于表1-2中,其中抛物线顶点的切线平行于基线。

表 1-2　常见几何图形的面积及形心位置

图　　形	面　积　ω	形　心　位　置	
		x_C	$l - x_C$
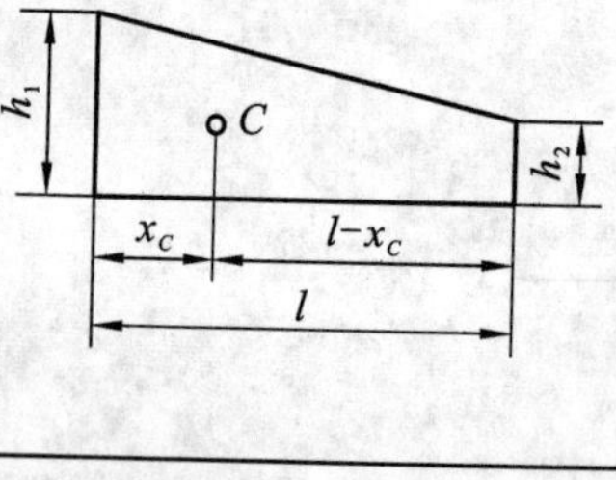	$\dfrac{(h_1+h_2)l}{2}$	$\dfrac{h_1+2h_2}{3(h_1+h_2)l}$	$\dfrac{(h_2+2h_1)l}{3(h_1+h_2)}$

图 形	面 积 ω	形 心 位 置	
		x_C	$l-x_C$
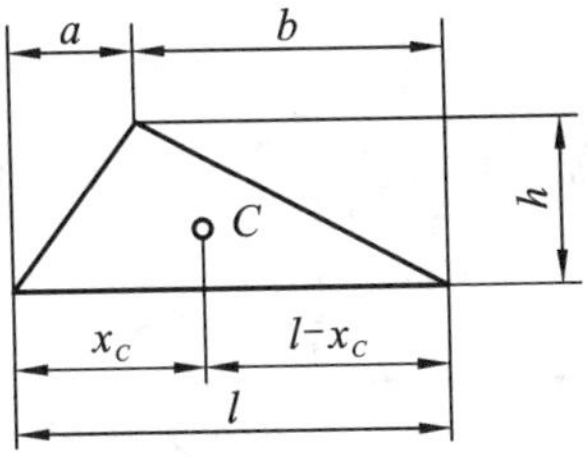	$\dfrac{hl}{2}$	$\dfrac{a+l}{3}$	$\dfrac{b+l}{3}$
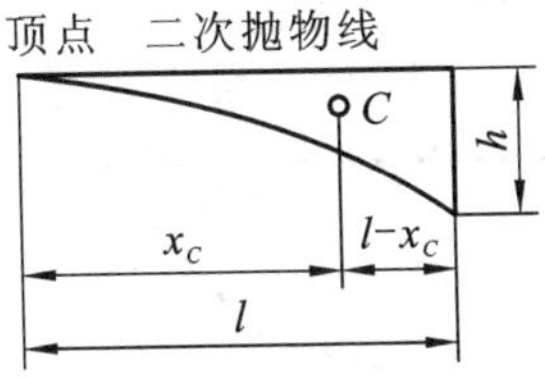 顶点　二次抛物线 	$\dfrac{hl}{3}$	$\dfrac{3l}{4}$	$\dfrac{l}{4}$
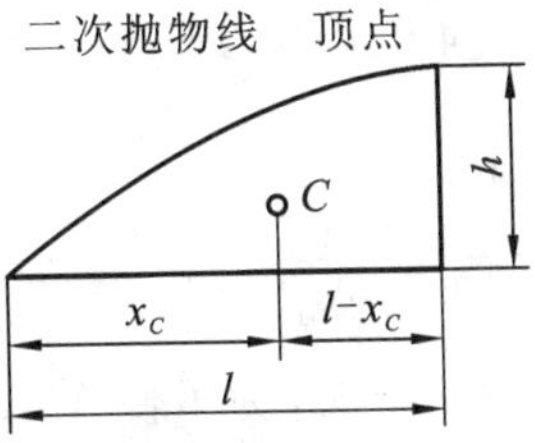 二次抛物线　顶点 	$\dfrac{2hl}{3}$	$\dfrac{5l}{8}$	$\dfrac{3l}{8}$
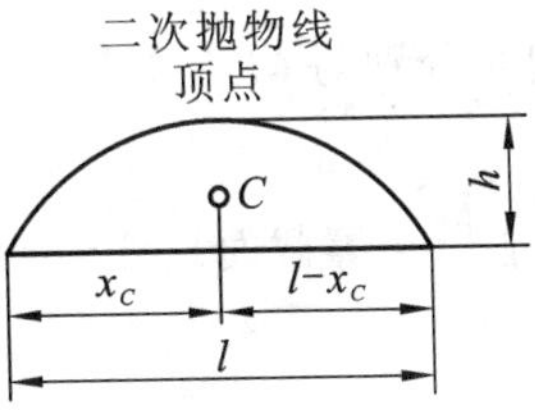 二次抛物线 顶点 	$\dfrac{2hl}{3}$	$\dfrac{l}{2}$	$\dfrac{l}{2}$
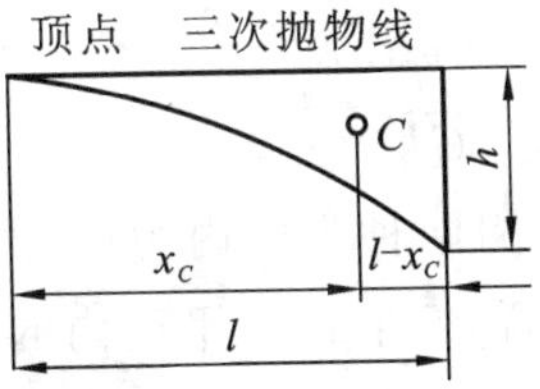 顶点　三次抛物线 	$\dfrac{hl}{4}$	$\dfrac{4l}{5}$	$\dfrac{l}{5}$

应用图形互乘法计算位移时要注意以下几点。

（1）要满足图形互乘法的条件：必须是等截面直杆，两个图形中至少有一个是直线图形，而且不允许出现折点（即 α 角不变），纵坐标 M_C^0 应取自直线图形。若两个图形都是直线图形，则纵坐标可取自其中任一图形，其结果不变，即 $\omega_1 M_{C1}^0 = \omega_2 M_{C2}^0$，如图 1-15 所示。

（2）注意符号：面积 ω 与纵坐标 M_C^0 在同一侧时，乘积 ωM_C^0 应取正号；面积 ω 与纵坐标 M_C^0 分别在两侧时，乘积 ωM_C^0 应取负号。

（3）若 $M^0(x)$ 图为折线（由 n 段直线组成）或其抗弯刚度发生变化，则需分段（自折点或抗弯刚度变化处）与 $M(x)$ 图的面积进行互乘，同时应当力求使每段 $M(x)$ 图形面积便于计算，然后将各段互乘结果进行叠加，即

$$\Delta = \sum_{i=1}^{n} \frac{\omega_i M_{Ci}^0}{EI_i}$$

图 1-16 应计算为

$$\int_l M(x)M^0(x)\mathrm{d}x = \omega_1 M_{C1}^0 + \omega_2 M_{C2}^0 + \omega_3 M_{C3}^0$$

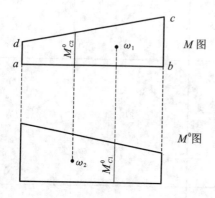

图 1-15

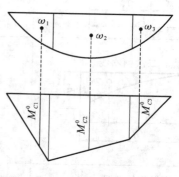

图 1-16

图 1-17 应计算为

$$\Delta_{AV} = \frac{1}{EI}\omega_1 M_{C1}^0 + \frac{1}{2EI}\omega_2 M_{C2}^0$$

（4）当梁上载荷比较复杂时，为了使 $M(x)$ 图的面积便于计算，可将其分解为几个简单载荷作用，分别画出弯矩图，同时分别与 $M^0(x)$ 图互乘，然后叠加起来。

（5）图形互乘法也适用于等截面直杆的轴向拉压和圆轴扭转，即

$$\Delta = \frac{\omega F_{NC}^0}{EA}$$

$$\Delta = \frac{\omega T_C^0}{GI_p}$$

须指出的是，只有相同种类的内力图才能互乘。对于双向弯曲梁来说，只有同一平面内的弯矩图才能互乘。

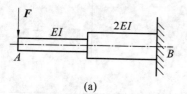

(a)

(b)

(c)

(d)

图 1-17

例 1-8 试求图 1-18(a)所示的变截面梁 A 截面的转角和 B 截面的挠度。梁各段刚度已知。

解 （1）计算 A 截面的转角。

① 画出载荷作用下的弯矩图（见图 1-18(b)）。

A 截面作用一单位力偶矩，并画出其弯矩图（见图 1-18(c)、图 1-18(d)）。

② 计算载荷弯矩图的面积和单位载荷弯矩图的纵坐标。

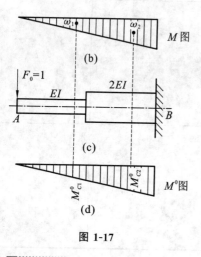

$$\omega_1 = \frac{1}{2}M_e l, \quad M_{C1}^0 = 0$$

$$\omega_2 = \frac{1}{2}M_e l, \quad M_{C2}^0 = \frac{1}{3}$$

③ 计算 A 截面的转角。

$$\theta_A = \frac{\omega_1 M_{C1}^0}{EI} + \frac{\omega_2 M_{C2}^0}{3EI} = \frac{1}{3EI} \cdot \frac{1}{2}M_e l \cdot \frac{1}{3} = \frac{M_e l}{18EI}(\rightarrow)$$

计算结果为正值,说明 θ_A 的实际转向与单位力偶矩的转向相同。

(2) 求 B 截面的挠度。

① 在 B 截面上加单位力,并画出其弯矩图(见图 1-18(e)、图 1-18(f))。

② 计算载荷弯矩图的面积和单位载荷弯矩图的纵坐标。

$$\omega_1 = \frac{1}{2}M_e l, \quad M_{C1}^{0'} = \frac{1}{2} \cdot \frac{l}{2} = \frac{l}{4}$$

$$\omega_2 = \frac{1}{2}M_e l, \quad M_{C2}^{0'} = \frac{2}{3} \cdot \frac{l}{2} = \frac{l}{3}$$

③ 计算 B 截面的挠度。

$$\Delta_{BV} = \frac{1}{3EI}\omega_2 M_{C2}^{0'} + \frac{1}{EI}\omega_1 M_{C1}^{0'}$$

$$= \frac{1}{3EI} \cdot \frac{1}{2}M_e l \cdot \frac{l}{3} + \frac{1}{EI} \cdot \frac{1}{2}M_e l \cdot \frac{l}{4}$$

$$= \frac{M_e l^2}{18EI} + \frac{M_e l^2}{8EI}$$

$$= \frac{13M_e l^2}{72EI}(\downarrow)$$

计算结果为正值,说明 B 截面的实际挠度与单位力的方向相同,即向下。

例 1-9　外伸梁承受载荷如图 1-19(a) 所示。已知 EI 为常量,试求 A 点的挠度和 B 截面的转角。

解　(1) 画出载荷弯矩图。

利用叠加法对两种载荷分别画出弯矩图,如图 1-19(b) 所示。

(2) 计算 A 点的挠度 Δ_{AV}。

① 在 A 点加单位力 $F_0 = 1$(见图 1-19(c)),并画出 $M^0(x)$ 图,如图 1-19(d) 所示。

② 计算 A 点的挠度。由于 $M^0(x)$ 图上的 B 点为折点,故将梁分为 AB、BC 两段。

AB 段:$\omega_1 = -\frac{1}{2}qa^2 \cdot a = -\frac{1}{2}qa^3$,　$M_{C1}^0 = -\frac{2}{3}a$。

BC 段:有两种载荷的 $M(x)$ 图,故须分别与该段的 $M^0(x)$ 图互乘。

载荷 F 作用下的弯矩图的面积和单位载荷作用下的弯矩图的纵坐标分别为

$$\omega_2 = -\frac{1}{2}qa^2 \cdot 2a = -qa^3, \quad M_{C2}^0 = -\frac{2}{3}a$$

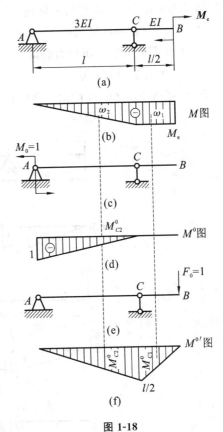

图 1-18

载荷 q 作用下的弯矩图的面积和单位载荷作用下的弯矩图的纵坐标分别为

$$\omega_3 = \frac{2}{3} \cdot \frac{1}{2}qa^2 \cdot 2a = \frac{2}{3}qa^3, \quad M_{C3}^0 = -\frac{1}{2}a$$

故

$$\Delta_{AV} = \sum_{i=1}^{3} \frac{\omega_i M_{Ci}^0}{EI} = \frac{1}{EI}(\omega_1 M_{C1}^0 + \omega_2 M_{C2}^0 + \omega_3 M_{C3}^0)$$

$$= \frac{1}{EI}\left[\left(-\frac{1}{2}qa^3\right)\left(-\frac{2}{3}a\right) + (-qa^3)\left(-\frac{2}{3}a\right) + \frac{2}{3}qa^3\left(-\frac{a}{2}\right)\right]$$

$$= \frac{2qa^4}{3EI}(\downarrow)$$

计算结果为正值,说明 A 点的实际挠度的方向与单位力的方向相同,即向下。

（3）计算 B 截面的转角 θ_B。

① 在 B 截面上加一单位力偶矩 $M_0 = 1$（见图 1-19(e)），画出单位力偶矩作用下的弯矩图 $M^{0'}(x)$,如图 1-19(f) 所示。

② 计算弯矩图 $M(x)$ 的面积和单位力偶矩作用下的弯矩图的纵坐标。

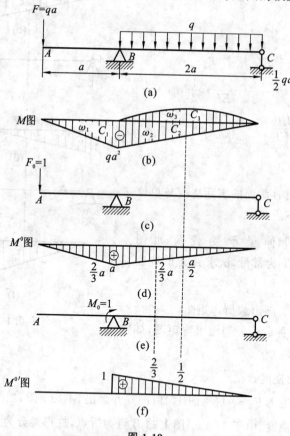

图 1-19

由于 $M^{0'}(x)$ 只存在于 BC 段,故由载荷 F 作用下的弯矩图 $M(x)$ 可得

$$\omega_2 = -\frac{1}{2}qa^2 \cdot 2a = -qa^3, \quad M_{C2}^{0'} = \frac{2}{3}$$

由载荷 q 作用下的弯矩图 $M(x)$ 可得

$$\omega_3 = \frac{2}{3} \cdot \frac{1}{2} qa^2 \cdot 2a = \frac{2}{3} qa^3, \quad M_{C3}^{0'} = \frac{1}{2}$$

因此，B 截面的转角为

$$\theta_B = \frac{1}{EI}(\omega_2 M_{C2}^{0'} + \omega_3 M_{C3}^{0'})$$

$$= \frac{1}{EI}\left[(-qa^3) \cdot \frac{2}{3} + \frac{2}{3} qa^3 \cdot \frac{1}{2}\right]$$

$$= -\frac{qa^3}{3EI}(\swarrow)$$

计算结果为负值，说明 B 截面的实际转向与单位力偶矩的转向相反，即为逆时针转向。

■例 1-10 图 1-20(a) 所示为受均布载荷 q 作用的刚架。已知 EI 为常量，试求节点 B 的水平位移 Δ_{BH}。

■解 （1）画出载荷 q 作用下的弯矩图，如图 1-20(b) 所示。

（2）在节点 B 处施加一水平单位力，如图 1-20(c) 所示，并画出相应的单位力作用下的弯矩图，如图 1-20(d) 所示。

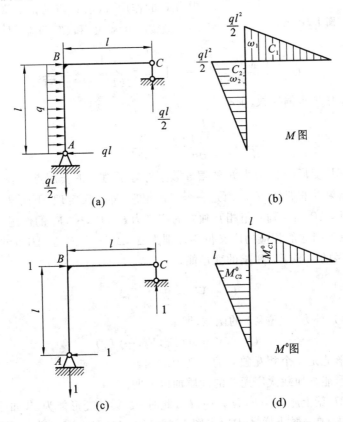

图 1-20

（3）计算弯矩图的面积和单位力作用下的弯矩图的纵坐标，即

$$\omega_1 = \frac{1}{2} \cdot \frac{ql^2}{2} \cdot l = \frac{ql^3}{4}, \quad M_{C1}^0 = \frac{2}{3}l$$

$$\omega_2 = \frac{2}{3} \cdot \frac{ql^2}{2} \cdot l = \frac{ql^3}{3}, \quad M_{C2}^0 = \frac{5}{8}l$$

（4）计算节点 B 的水平位移。

$$\Delta_{BH} = \frac{1}{EI}(\omega_1 M_{C1}^0 + \omega_2 M_{C2}^0)$$

$$= \frac{1}{EI}\left(\frac{1}{4}ql^3 \cdot \frac{2}{3}l + \frac{1}{3}ql^3 \cdot \frac{5}{8}l\right)$$

$$= \frac{3ql^4}{8EI}(\rightarrow)$$

计算结果为正值,说明节点 B 的实际水平位移的方向与单位力的方向相同。

1.4 卡氏定理

对于外力和位移呈线性关系的弹性体,若将变形能对外力 F 求偏导数,则其结果就是该

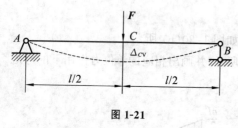

图 1-21

力作用点处所对应的位移。这就是本节所介绍的计算弹性体位移的方法——卡氏定理。下面证明上述结论具有普遍性。

图 1-21 所示为一简支梁,在跨度中点 C 处受集中力 F 的作用,试求 C 点的铅垂位移。

该梁应分为 AC 和 CB 两段,梁内储存的变形能为

$$U = \int_l \frac{M^2(x)\mathrm{d}x}{2EI} = 2\int_0^{\frac{l}{2}} \frac{\left(\frac{F}{2}x\right)^2 \mathrm{d}x}{2EI} = \frac{F^2 l^3}{96EI}$$

若将变形能 U 对力 F 求偏导数,则有

$$\frac{\partial U}{\partial F} = \frac{\partial\left(\frac{F^2 l^3}{96EI}\right)}{\partial F} = \frac{Fl^3}{48EI} = \Delta_{CV}$$

求导结果表明,变形能 U 对力 F 的偏导数刚好等于力 F 的作用点 C 在力 F 的作用方向上的位移。上述结果并非偶然巧合,而是一个普遍定理,即卡氏定理。下面推导这一定理。

设有一弹性体 AB 梁受到一组相互独立的广义力 $F_1,F_2,\cdots,F_n$ 的作用,如图 1-22(a)所示,在各力作用点处引起的相应的广义位移分别为 $\Delta_1,\Delta_2,\cdots,\Delta_n$。在 AB 梁变形过程中,外力 $F_1,F_2,\cdots,F_n$ 所做的功等于 AB 梁的变形能,即

$$U = W = \frac{1}{2}\sum_{i=1}^{n} F_i\Delta_i \qquad\qquad\text{(a)}$$

显然,外力功是外力(或位移)的函数,即

$$U = W = f(F_1,F_2,\cdots,F_n)$$

上式表明变形能是 n 个相互独立的广义力的函数。

下面利用变形能与加载次序无关的性质加以证明。

（1）首先在 AB 梁上施加力 $F_1,F_2,\cdots,F_n$,此时 AB 梁的变形能为 U,如图 1-22(a)所示;然后在外力 F_i 上施加一微小增量 $\mathrm{d}F_i$(见图 1-22(b)),AB 梁将因此增加一微小变形 $\mathrm{d}\Delta_i$,相应地,AB 梁内的变形能必然产生一个相应的增量 $\mathrm{d}U$,即

$$\mathrm{d}U = \frac{\partial U}{\partial F_i}\mathrm{d}F_i$$

此时 AB 梁内的变形能应为

$$U_1 = U + \mathrm{d}U = U + \frac{\partial U}{\partial F_i}\mathrm{d}F_i \qquad\qquad\text{(b)}$$

如前所述,对于弹性体而言,变形能只与外力的终值有关,而与加载的次序无关。因此,可将上述加载次序调换一下。

(2) 首先在 AB 梁上施加一外力 $\mathrm{d}F_i$,如图 1-22(c) 所示,此时 AB 梁相应的位移为 $\mathrm{d}\Delta_i$,$\mathrm{d}F_i$ 做功为 $\frac{1}{2}\mathrm{d}F_i\mathrm{d}\Delta_i$;然后再将力 $F_1,F_2,\cdots,F_n$ 施加在 AB 梁上,则各外力做功为 $\sum\limits_{i=1}^{n}\frac{1}{2}F_i\Delta_i$,同时 $\mathrm{d}F_i$ 再次以常力做功,其值为 $\Delta_i\mathrm{d}F_i$。因此,在整个加载过程中,AB 梁内的变形能为

$$U_2 = \frac{1}{2}\mathrm{d}F_i\mathrm{d}\Delta_i + \Delta_i\mathrm{d}F_i + U$$

根据变形能与加载次序无关的性质可知,两种加载次序的 AB 梁内的变形能应相等,即 $U_1 = U_2$。忽略二阶微量 $\frac{1}{2}\mathrm{d}F_i\mathrm{d}\Delta_i$,化简后可得

$$\Delta_i = \frac{\partial U}{\partial F_i} \tag{1-14}$$

上式称为卡氏第二定理,简称卡氏定理。

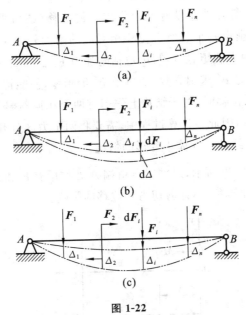

图 1-22

上述证明虽然是以梁为例来证明的,但并没有涉及梁的任何特性,而是应用了材料服从胡克定律和小变形这两个条件,因此卡氏定理只适用于线性弹性系统。由此可知,卡氏定理对所有的线弹性结构,例如刚架、桁架及曲杆等,均能适用。

由卡氏定理可知,若外力(广义力)作用在弹性体上,则此弹性体的变形能 U 对任一外力的偏导数,等于该力的作用点沿该力方向的位移(广义位移)。

应用卡氏定理计算弹性体的位移时需注意以下几点。

(1) 在证明卡氏定理时,因为并未说明 F_i 是一个集中力还是一个力偶矩,所以应该把 F_i 理解为广义力,把 Δ_i 理解为广义位移。当 F_i 为集中力时,相应的 Δ_i 为集中力作用点沿集中力作用方向的线位移;当 F_i 为集中力偶矩时,相应的 Δ_i 为沿集中力偶矩转向的角位移。

(2) 在各种受力形式下的变形能都是以内力分量的形式出现的,而内力分量又都是外力的函数。因此,变形能对载荷的偏导数都是以内力分量对载荷偏导数的形式出现的。在各种受力变形情况下,卡氏定理的相应形式为:

① 对于轴向拉伸或压缩变形,有

$$\Delta_i = \frac{\partial U}{\partial F_i} = \frac{\partial}{\partial F_i}\left(\int_l \frac{F_N^2(x)\,dx}{2EA}\right) = \int_l \frac{F_N(x)}{EA} \cdot \frac{\partial F_N(x)}{\partial F_i}\,dx$$

② 对于圆轴扭转变形,有

$$\Delta_i = \frac{\partial U}{\partial F_i} = \frac{\partial}{\partial F_i}\left(\int_l \frac{T^2(x)\,dx}{2GI_p}\right) = \int_l \frac{T(x)}{GI_p} \cdot \frac{\partial T(x)}{\partial F_i}\,dx$$

③ 对于弯曲变形,有

$$\Delta_i = \frac{\partial U}{\partial F_i} = \frac{\partial}{\partial F_i}\left(\int_l \frac{M^2(x)\,dx}{2EI}\right) = \int_l \frac{M(x)}{EI} \cdot \frac{\partial M(x)}{\partial F_i}\,dx$$

④ 对于组合变形,有

$$\Delta_i = \frac{\partial U}{\partial F_i} = \int_l \frac{F_N(x)}{EA} \cdot \frac{\partial F_N(x)}{\partial F_i}\,dx + \int_l \frac{T(x)}{GI_p} \cdot \frac{\partial T(x)}{\partial F_i}\,dx + \int_l \frac{M(x)}{EI} \cdot \frac{\partial M(x)}{\partial F_i}\,dx$$

(3) 利用卡氏定理计算弹性体某一点(或某一截面)的位移时,在该点(或该截面)处必须有与之相对应的外力(集中力或集中力偶矩)作用。

(4) 利用卡氏定理计算弹性体没有外力作用处的位移(或所求位移与外力的方向不一致)时,需在所求位移处虚设一个与所求位移相对应的附加外力 F'。求线位移时,附加集中力;求角位移时,附加集中力偶矩。然后写出包括附加力 F' 在内的所有外力作用下的变形能 U 的表达式,将其对附加力 F' 求偏导数后,再令 F' 等于零,便能得到所求位移。

(5) 利用卡氏定理求位移时,对于结构上作用有两个相同符号的外力的情况,由于结构上的外力是独立的自变量,因此在计算过程中,需要将两个力区分开,用不同的符号表示。

(6) 卡氏定理适用于线性弹性体小变形的情况。

例 1-11　如图 1-23 所示,悬臂梁自由端 A 处作用有 F 和 M,抗弯刚度 EI 为常量,试求自由端 A 处的挠度和转角。不计剪切力对位移的影响。

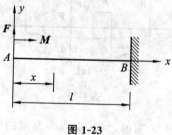

图 1-23

解　(1) 列出悬臂梁的弯矩方程,并对 F、M 分别求偏导数,即

$$M(x) = M + Fx \quad (0 < x < l)$$

$$\frac{\partial M(x)}{\partial F} = x, \qquad \frac{\partial M(x)}{\partial M} = 1$$

(2) 根据卡氏定理求 A 点的挠度,即

$$\Delta_{AV} = \frac{\partial U}{\partial F} = \int_l \frac{M(x)}{EI} \cdot \frac{\partial M(x)}{\partial F}\,dx$$

$$= \frac{1}{EI}\int_0^l (M + Fx)x\,dx$$

$$= \frac{Ml^2}{2EI} + \frac{Fl^3}{3EI}$$

（3）根据卡氏定理求 A 截面的转角，即

$$\theta_A = \frac{\partial U}{\partial M} = \int_l \frac{M(x)}{EI} \cdot \frac{\partial M(x)}{\partial M} dx$$

$$= \frac{1}{EI} \int_0^l (M + Fx) \cdot 1 \cdot dx$$

$$= \frac{Ml}{EI} + \frac{Fl^2}{2EI}$$

例 1-12　如图 1-24 所示，一构架在节点 C 处受铅垂方向的集中力 F 的作用。已知两杆的抗拉（压）刚度 EA 相等，试求节点 C 处的铅垂位移和水平位移。

解　（1）求各杆的轴力，并对 F 求偏导数。

根据节点 C 处的平衡条件可得

$$F_{NAC} = -0.897F, \quad F_{NBC} = 0.732F$$

$$\frac{\partial F_{NAC}}{\partial F} = -0.897, \quad \frac{\partial F_{NBC}}{\partial F} = 0.732$$

（2）根据卡氏定理求节点 C 处的铅垂位移，即

$$\Delta_{CV} = \frac{\partial U}{\partial F} = \frac{\partial}{\partial F} \left(\frac{F_{NAC}^2 l_{AC}}{2EA} + \frac{F_{NBC}^2 l_{BC}}{2EA} \right)$$

$$= \frac{F_{NAC} l_{AC}}{EA} \cdot \frac{\partial F_{NAC}}{\partial F} + \frac{F_{NBC} l_{BC}}{EA} \cdot \frac{\partial F_{NBC}}{\partial F}$$

$$= \frac{1}{EA} \left[(-0.897F) \cdot \frac{l}{\cos 45°} \cdot (-0.897) + 0.732F \cdot \frac{l}{\cos 30°} \cdot 0.732 \right]$$

$$= \frac{1.76Fl}{EA} (\downarrow)$$

计算结果为正值，说明节点 C 处的铅垂位移的方向与集中力 F 的方向一致。

（3）根据卡氏定理求节点 C 处的水平位移。

由于在节点 C 处的水平方向上没有载荷作用，因此需要在构架的节点 C 处沿所求位移方向施加一水平集中力 F'，如图 1-24(c) 所示。

根据节点 C 处的平衡条件（见图 1-24(d)），求各杆的轴力，并对 F' 求偏导数，可得

$$F_{NAC} = 0.518F' - 0.897F, \quad F_{NBC} = 0.732F' + 0.732F$$

$$\frac{\partial F_{NAC}}{\partial F'} = 0.518, \quad \frac{\partial F_{NBC}}{\partial F'} = 0.732$$

根据卡式定理求节点 C 处的水平位移，即

$$\Delta_{CH} = \frac{\partial U}{\partial F'} = \frac{F_{NAC} l_{AC}}{EA} \cdot \frac{\partial F_{NAC}}{\partial F'} + \frac{F_{NBC} l_{BC}}{EA} \cdot \frac{\partial F_{NBC}}{\partial F'}$$

$$= \frac{1}{EA} \left[(0.518F' - 0.897F) \cdot \frac{l}{\cos 45°} \cdot 0.518 + (0.732F' + 0.732F) \cdot \frac{l}{\cos 30°} \cdot 0.732 \right]$$

令 $F' = 0$，则

$$\Delta_{CH} = \frac{1}{EA} \left[(-0.897F) \cdot \frac{l}{\cos 45°} \cdot 0.518 + 0.732F \cdot \frac{l}{\cos 30°} \cdot 0.732 \right]$$

$$= -\frac{0.038Fl}{EA} (\leftarrow)$$

计算结果为负值，说明节点 C 处的水平位移的实际方向与附加外力 F' 的方向相反，应向左。

上面介绍了当 C 点没有水平力作用时计算 C 点水平位移的方法。同样，要计算构架某截

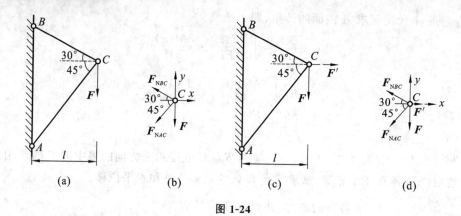

图 1-24

面处的角位移,而在该截面处又没有外力偶矩作用时,应当在该截面处施加一个力偶矩作为独立变量,并仿照上述方法来处理。

例 1-13 刚架所受载荷如图 1-25(a) 所示,各杆的抗弯刚度 EI 相同,试求 A 截面的水平位移和铅垂位移。不计剪切力和轴力对位移的影响。

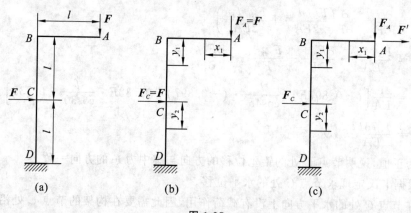

图 1-25

解 (1) 求 A 截面的铅垂位移。

利用卡氏定理求位移时,结构上的外力是独立的自变量。本例题中有两个相同的集中力 F,根据卡氏定理要求,变形能 U 或弯矩 $M(x)$ 只能是对与 Δ_{Av} 相对应的 A 点的铅垂集中力 F 求偏导数,而不是对 C 点的水平力 F 求偏导数。因此在计算过程中,将 A 点的力 F 和 C 点的力 F 分别用 F_A 和 F_C 表示,如图 1-25(b) 所示。

① 分段列出弯矩方程并对 F_A 求偏导数。

AB 段 $(0 \leqslant x_1 \leqslant l)$

$$M(x_1) = -F_A x_1, \qquad \frac{\partial M(x_1)}{\partial F_A} = -x_1$$

BC 段 $(0 \leqslant y_1 \leqslant l)$

$$M(y_1) = -F_A l, \qquad \frac{\partial M(y_1)}{\partial F_A} = -l$$

CD 段 $(0 \leqslant y_2 \leqslant l)$

$$M(y_2) = -F_A l - F_C y_2, \qquad \frac{\partial M(y_2)}{\partial F_A} = -l$$

② 根据卡氏定理求 A 截面的铅垂位移,即

$$\Delta_{AV} = \frac{\partial U}{\partial F_A} = \frac{1}{EI} \Big[\int_0^l M(x_1) \cdot \frac{\partial M(x_1)}{\partial F_A} \mathrm{d}x_1 + \int_0^l M(y_1) \cdot \frac{\partial M(y_1)}{\partial F_A} \mathrm{d}y_1$$

$$+ \int_0^l M(y_2) \cdot \frac{\partial M(y_2)}{\partial F_A} \mathrm{d}y_2 \Big]$$

将 $F_A = F_C = F$ 代入上式中,可得

$$\Delta_{AV} = \frac{1}{EI} \Big[\int_0^l F x_1^2 \mathrm{d}x_1 + \int_0^l F l^2 \mathrm{d}y_1 + \int_0^l (F l^2 + F l y_2) \mathrm{d}y_2 \Big]$$

$$= \frac{17 F l^3}{6 EI} (\downarrow)$$

(2) 求 A 截面的水平位移。

由于 A 截面处没有水平外力作用,因此必须施加一个相应的水平集中力 F',如图 1-25(c) 所示,应用卡氏定理后,令该水平集中力 F' 等于零,即可求得 A 截面的水平位移。

① 分段列出弯矩方程并对 F' 求偏导数。

AB 段

$$M(x_1) = -F x_1, \qquad \frac{\partial M(x_1)}{\partial F'} = 0$$

BC 段

$$M(y_1) = -F l - F' y_1, \qquad \frac{\partial M(y_1)}{\partial F'} = -y_1$$

CD 段

$$M(y_2) = -F(l + y_2) - F'(l + y_2), \qquad \frac{\partial M(y_2)}{\partial F'} = -(l + y_2)$$

② 根据卡氏定理求 A 截面的水平位移,即

$$\Delta_{AH} = \frac{1}{EI} \Big[\int_0^l M(x_1) \cdot \frac{\partial M(x_1)}{\partial F'} \mathrm{d}x_1 + \int_0^l M(y_1) \cdot \frac{\partial M(y_1)}{\partial F'} \mathrm{d}y_1 + \int_0^l M(y_2) \cdot \frac{\partial M(y_2)}{\partial F'} \mathrm{d}y_2 \Big]$$

$$= \frac{1}{EI} \Big[0 + \int_0^l (-F l - F' y_1)(-y_1) \mathrm{d}y_1 + \int_0^l [-F(l + y_2) - F'(l + y_2)][-(l + y_2)] \mathrm{d}y_2 \Big]$$

将 $F' = 0$ 代入上式中,可得

$$\Delta_{AH} = \frac{1}{EI} \Big[\int_0^l (-F l)(-y_1) \mathrm{d}y_1 + \int_0^l [-F(l + y_2)][-(l + y_2)] \mathrm{d}y_2 \Big]$$

$$= \frac{17 F l^3}{6 EI} (\rightarrow)$$

例 1-14 图 1-26(a) 所示为轴线为四分之一圆周的平面曲杆,其 A 端固定,B 端自由,在 B 端受一铅垂集中力 F 的作用。设曲杆的抗弯刚度 EI 为常量,试求自由端 B 点的铅垂位移和水平位移。只考虑弯矩对位移的作用。

解 (1) 求 B 点的铅垂位移。

由图 1-26(b) 可知,曲杆上任意一点由力 F 引起的弯矩为

$$M(\theta) = F R \sin\theta \qquad \Big(0 \leqslant \theta \leqslant \frac{\pi}{2} \Big)$$

由此可得

$$\frac{\partial M(\theta)}{\partial F} = R \sin\theta$$

利用卡氏定理并将其中的 $\mathrm{d}x$ 改写为 $\mathrm{d}s$,则有

$$\Delta_{BV} = \frac{1}{EI}\int_s M(\theta) \cdot \frac{\partial M(\theta)}{\partial F}\mathrm{d}s$$

$$= \frac{1}{EI}\int_0^{\frac{\pi}{2}} FR\sin\theta R\sin\theta R\,\mathrm{d}\theta$$

$$= \frac{\pi FR^3}{4EI}(\downarrow)$$

（2）求 B 点的水平位移。

由于曲杆在 B 点处没有水平力作用，因此应施加一水平方向的力 $\boldsymbol{F}'$，如图 1-26(b) 所示，则有

$$M(\theta) = FR\sin\theta + F'R(1-\cos\theta) \quad \left(0 \leqslant \theta \leqslant \frac{\pi}{2}\right)$$

由此可得

$$\frac{\partial M(\theta)}{\partial F'} = R(1-\cos\theta)$$

根据卡氏定理可得，B 点的水平位移为

$$\Delta_{BH} = \frac{1}{EI}\left[\int_s M(\theta) \cdot \frac{\partial M(\theta)}{\partial F'}\mathrm{d}s\right]_{F'=0}$$

$$= \frac{1}{EI}\int_0^{\frac{\pi}{2}} FR\sin\theta R(1-\cos\theta)R\,\mathrm{d}\theta$$

$$= \frac{FR^3}{2EI}(\rightarrow)$$

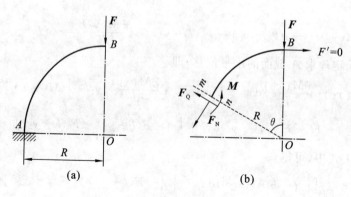

图 1-26

例 1-15 求图 1-27(a) 所示的水平刚架 C 点的铅垂位移。已知刚架的抗弯刚度为 EI，抗扭刚度为 GI_p，力 F 的方向铅垂向下，并作用于 C 点。

解 本例题是弯扭组合变形的位移计算问题。杆 CB 受弯曲变形，杆 BA 受弯曲和扭转组合变形。

（1）计算内力并对力 F 求偏导数。

CB 段 $(0 \leqslant x_1 \leqslant a)$

$$M(x_1) = -Fx_1, \qquad \frac{\partial M(x_1)}{\partial F} = -x_1$$

BA 段 $(0 \leqslant x_2 \leqslant l)$

求 BA 段内力时，可将集中力 $\boldsymbol{F}$ 向 B 点简化，得到一集中力 $\boldsymbol{F}$ 和一扭转力偶矩 $\boldsymbol{T}_e$，且 $T_e = Fa$，如图 1-27(b) 所示，则有

$$M(x_2) = -Fx_2, \qquad \frac{\partial M(x_2)}{\partial F} = -x_2$$

$$T(x_2) = Fa, \qquad \frac{\partial T(x_2)}{\partial F} = a$$

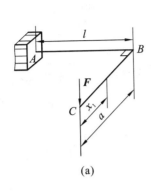

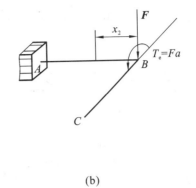

(a)   (b)

图 1-27

（2）利用卡氏定理求 C 点的铅垂位移，即

$$\Delta_{CV} = \frac{\partial U}{\partial F} = \int_0^a \frac{M(x_1)}{EI} \cdot \frac{\partial M(x_1)}{\partial F} \mathrm{d}x_1 + \int_0^l \frac{M(x_2)}{EI} \cdot \frac{\partial M(x_2)}{\partial F} \mathrm{d}x_2 + \int_0^l \frac{T(x_2)}{GI_p} \cdot \frac{\partial T(x_2)}{\partial F} \mathrm{d}x_2$$

$$= \frac{1}{EI}\left[\int_0^a (-Fx_1)(-x_1)\mathrm{d}x_1 + \int_0^l (-Fx_2)(-x_2)\mathrm{d}x_2\right] + \frac{1}{GI_p}\int_0^l Fa \cdot a\,\mathrm{d}x_2$$

$$= \frac{F(a^3 + l^3)}{3EI} + \frac{Fa^2 l}{GI_p}(\downarrow)$$

 1.5　互等定理

对于弹性体，当载荷与位移呈线性关系时，利用变形能与加载次序无关的性质，还可以推导出功的互等定理和位移互等定理。

一、功的互等定理

图 1-28（a）、图 1-28（b）表示同一线弹性梁的两种受力状态，点 1、2 为梁轴线上的任意两点。在图 1-28（a）中，点 1 处作用有载荷 F_1，它引起点 1 处的位移为 Δ_{11}，引起点 2 处的位移为 Δ_{21}；在图 1-28（b）中，点 2 处作用有载荷 F_2，它引起点 1 处的位移为 Δ_{12}，引起点 2 处的位移为 Δ_{22}。这里采用的位移符号 Δ_{ij} 有两个脚标，第一个脚标 i 表示发生位移的位置，第二个脚标 j 表示引起该位移的力。

功的互等定理可利用变形能与加载次序无关的性质加以讨论。为了证明功的互等定理，现在分析两种加载次序，并分别计算两种加载过程中梁内储存的变形能。

（1）如果加载次序是先施加力 F_1，后施加力 F_2，则此时梁的变形情况如图 1-28（c）所示。力 F_1 所做的功为 $\frac{1}{2}F_1\Delta_{11}$，力 F_2 所做的功为 $\frac{1}{2}F_2\Delta_{22}$。在力 F_2 作用在梁上之前，力 F_1 已作用在梁上了，它属于常力做功，所以力 F_1 在力 F_2 引起的位移 Δ_{12} 上所做的功为 $F_1\Delta_{12}$。

外力功等于梁内储存的变形能，即

$$U_1 = W_1 = \frac{1}{2}F_1\Delta_{11} + \frac{1}{2}F_2\Delta_{22} + F_1\Delta_{12} \tag{a}$$

（2）如果加载次序是先施加力 F_2，后施加力 F_1，则此时梁的变形情况如图 1-28（d）所示，同理可得梁内储存的变形能为

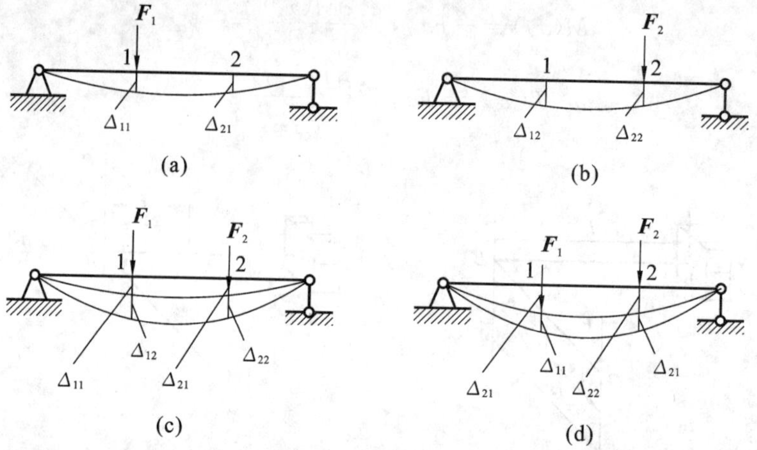

图 1-28

$$U_2 = W_2 = \frac{1}{2}F_2\Delta_{22} + \frac{1}{2}F_1\Delta_{11} + F_2\Delta_{21} \tag{b}$$

由于弹性体内储存的变形能与加载次序无关,只取决于载荷的最终值,因此上述两种加载次序求得的梁内储存的变形能应相等,即

$$U_1 = U_2$$

将式(a)、式(b)代入上式,化简后可得

$$F_1\Delta_{12} = F_2\Delta_{21} \tag{1-15}$$

上式表明:对于线弹性结构,力 F_1 在力 F_2 引起的位移 Δ_{12} 上所做的功,等于力 F_2 在力 F_1 引起的位移 Δ_{21} 上所做的功。这就是功的互等定理。功的互等定理是弹性体小变形状态的一个基本定理,由它可以推导出其他互等定理。

二、位移互等定理

位移互等定理是功的互等定理的一个特殊情形。在式(1-15)中,当 $F_1 = F_2$ 时,有

$$\Delta_{12} = \Delta_{21} \tag{1-16}$$

上式表明:作用在点 1 处的力 F 在点 2 处引起的位移 Δ_{21},等于作用在点 2 处的相同的一个力 F 在点 1 处引起的位移 Δ_{12}。这一规律称为位移互等定理。

在推导上述两个定理时,为了便于说明,虽然以梁为例,但在推导过程中并未涉及梁弯曲变形的任何特点,因此对于其他服从胡克定律且变形很小的任何线性弹性体,例如刚架、桁架及曲杆等,这两个定理都是适用的。

此外,这里的力和位移都是指广义力和相应的广义位移。式中的 F_1、F_2 可以是集中力或集中力偶矩,对应的位移 Δ_{ij} 可以是线位移或角位移。

习　题

1. 试求图 1-29 所示的拉杆的变形能。

2. 简支梁的受力情况如图 1-30 所示,试计算各梁的变形能。

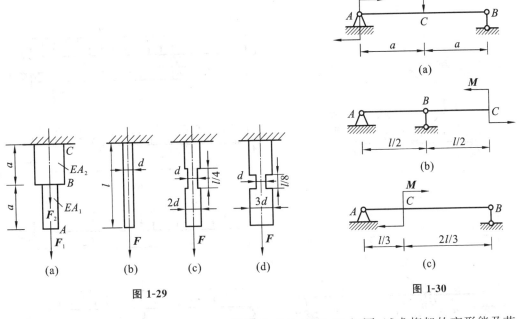

图 1-29   图 1-30

3. 在图 1-31 所示的桁架中,杆 1、2 的抗拉(压)刚度 EI 相同,试求桁架的变形能及节点 C 的铅垂位移。

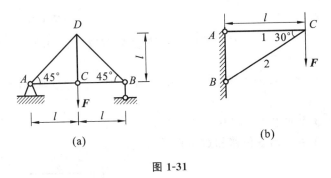

图 1-31

4. 求图 1-32 所示的刚架的变形能。设 BC 杆的抗拉(压)刚度为 EA,其余各杆的抗弯刚度为 EI。

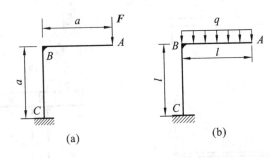

图 1-32

5. 如图 1-33 所示,已知各杆的抗拉(压)刚度 EA 相同,试用莫尔定理求节点 C 的铅垂位移、图 1-33(a) 中节点 B 的水平位移、图 1-33(b) 中两节点 B、E 之间的相对位移。

6. 如图 1-34 所示,利用莫尔定理求梁在载荷作用下 C 截面的挠度和 A 截面的转角。已

知 EI 为定量,忽略剪切力对位移的影响。

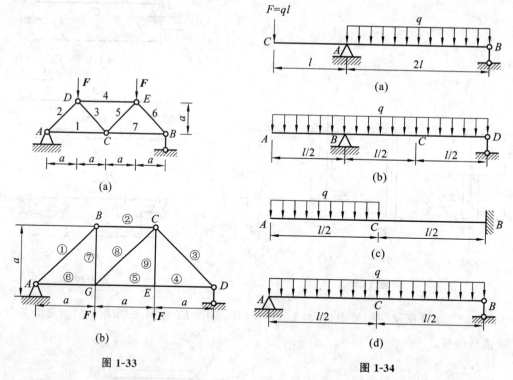

图 1-33

图 1-34

7. 在图 1-35 所示的弹性结构中,梁的抗弯刚度为 EI,杆的抗拉(压)刚度为 EA,试用莫尔定理求端点 A 的铅垂位移。

8. 等截面刚架的受力情况如图 1-36 所示。已知刚架各段的抗弯刚度 EI 相同,试用莫尔定理求:

(1) 图 (a) 中 B 点的水平位移和 D 截面的转角;

(2) 图 (b) 中 A 点的铅垂位移和 C 截面的转角。

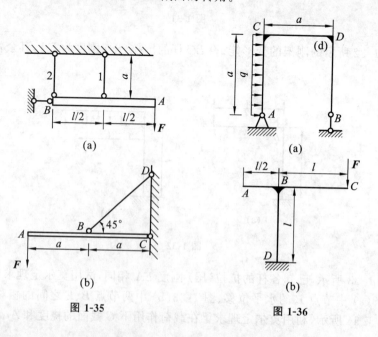

图 1-35

图 1-36

9. 如图 1-37 所示,圆截面杆 ABC 位于水平面内,杆的直径 d 及材料的 E、G 均为已知。若不计剪切力影响,试利用莫尔定理求 C 截面的铅垂位移和角位移。

10. 如图 1-38 所示,开口圆环受集中力 F 的作用,开口圆环的抗弯刚度 EI 为常量。若不计轴力和剪切力对变形的影响,求 A、B 两截面的相对位移和相对扭转角度。

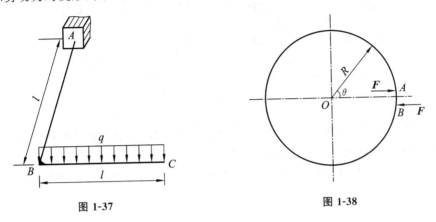

图 1-37　　　　　　　　　　　图 1-38

11. 如图 1-39 所示,已知梁的抗弯刚度 EI 为常量,试利用图形互乘法求 C 点的铅垂位移。

12. 如图 1-40 所示,变截面梁受一集中载荷 F 的作用,试利用图形互乘法求:

(1) 图 (a) 中 A 点的挠度和 A 截面的转角;

(2) 图 (b) 中 C 点的挠度。

13. 刚架受力情况如图 1-41 所示。已知各杆的抗弯刚度 EI 为常量,试利用图形互乘法求指定处的位移:

(1) 图(a) 中 D 点的水平位移和截面 C 的转角;

(2) 图(b) 中 C 点的铅垂位移和水平位移。

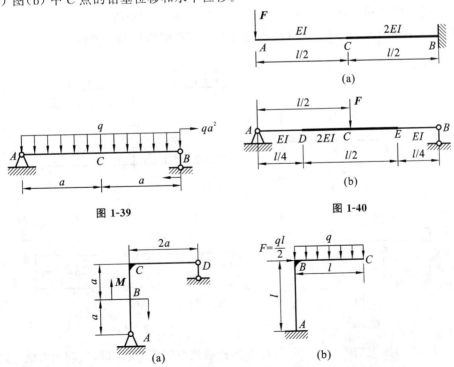

图 1-39　　　　　　　　　　　图 1-40

图 1-41

14. 试利用图形互乘法求图 1-42 所示的结构中 C、D 两点之间的相对位移。设各杆的抗弯刚度 EI 相同。

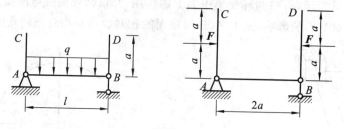

图 1-42

15. 如图 1-43 所示,桁架在节点 B 处受水平力 F 的作用。已知各杆的抗拉(压)刚度 EA 相等,试利用卡氏定理求节点 B 的水平位移。

16. 试利用卡氏定理求图 1-44 所示的梁 B 截面的转角和梁中点 C 的挠度。

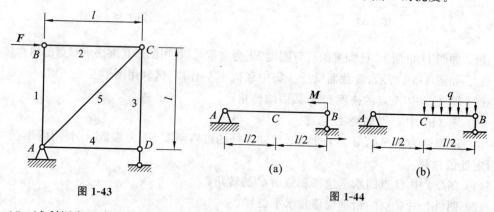

图 1-43

图 1-44

17. 试利用卡氏定理求图 1-45 所示的梁 A 截面的铅垂位移。

18. 试利用卡氏定理求图 1-46 所示的梁 B 点的挠度和 B 截面的转角。

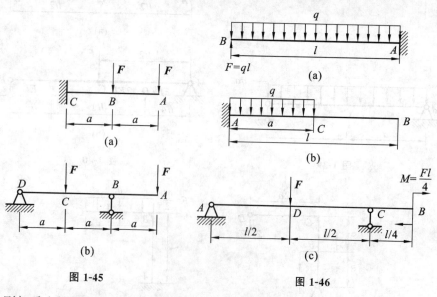

图 1-45

图 1-46

19. 刚架受力情况如图 1-47 所示。已知各杆的抗弯刚度 EI 相同,试利用卡氏定理求:

(1) 图(a)中右边外伸端 C 点的铅垂位移;

（2）图（b）中支座 D 处的水平位移。

20. 刚架受力情况如图 1-48 所示。已知杆的抗弯刚度为 EI，抗扭刚度为 GI_p，试利用卡氏定理求 A 点的铅垂位移。

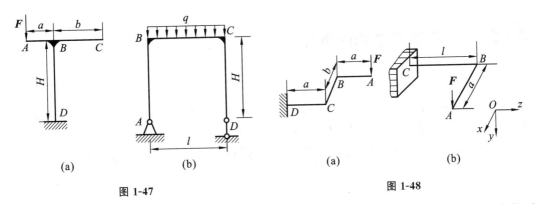

图 1-47   图 1-48

21. 图 1-49 所示为一小曲率截面开口圆环，该圆环在开口处受一对大小相等、方向相反的力 F 的作用，试利用卡式定理求圆环开口处的张开量。

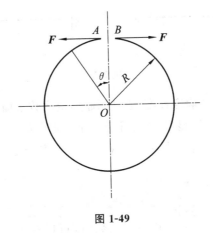

图 1-49

第2章 超静定结构分析

2.1 超静定结构的概念

一、结构的超静定性

在静定结构中,约束反力可由静力平衡方程求出。当结构的约束反力不能仅仅根据平衡条件求出时,该结构称为超静定结构或静不定结构。如图 2-1(a) 所示的梁,其约束反力有 F_A、M_A,需要满足的有效平衡方程为 $\sum y = 0$,$\sum M = 0$(由于水平方向无外载作用,因此 $\sum x = 0$ 自然满足),则此梁为静定结构。若在 B 处增加一个铰支座,如图 2-1(b) 所示,则约束反力增加一个 F_B,需要满足的平衡方程只有两个,因此梁变为超静定结构。

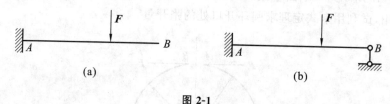

(a)　　　　　　　　　　　　(b)

图 2-1

结构的超静定性是指其超静定程度,通常用超静定次数来描述。超静定次数等于约束反力数目减去有效平衡方程数目。显然,对于静定结构,其约束反力数目等于有效平衡方程数目;对于超静定结构,其约束反力数目大于有效平衡方程数目。图 2-1(b) 所示为一次超静定结构。

二、超静定次数的判断

对于简单的超静定结构,在判断超静定次数时,可以在结构约束情况的基础上进行分析。图 2-1(b) 所示的梁可视为在一个静定悬臂梁上增加了一个活动铰支座,因此增加了一个约束反力 F_B,故该梁为一次超静定结构。由于 B 处的铰支座对于保持该梁的平衡来说是不必要的约束,故称之为多余约束,相应的约束反力 F_B 可视为多余约束反力。不难看出,结构中多余约束反力数目就等于该结构的超静定次数。去掉超静定结构上的多余约束后得到的静定结构,称为原超静定结构的静定基。图 2-1(a) 所示的梁可视为图 2-1(b) 所示的梁的静定基。

再来分析图 2-2 所示的刚架。图 2-2(a) 所示的刚架上端有一微小缝隙,此刚架的反力和内力均可由平衡方程确定,则此刚架为静定结构。然而,若用一铰链将缝隙处的截面连接(见图 2-2(b)),则该处沿杆的轴向和横向的位移均被阻止,即此结构具有两个多余约束,与此同时,在截面 m 和 m' 上各增加了两个多余内力 —— 轴力和剪切力(见图 2-2(c)),此刚架变成二次超静定结构。若截面 m 和 m' 的相对转动也被阻止,则此刚架变成封闭框架,如图 2-3(a) 所示。此时结构具有三个多余约束,在截面 m 和 m' 上存在三对未知内力,即轴力 F_N、剪切力 F_Q 及弯矩 M,如图 2-3(b) 所示。

本章主要介绍利用力法(即以多余未知力为基本未知量)求解超静定梁、超静定刚架及

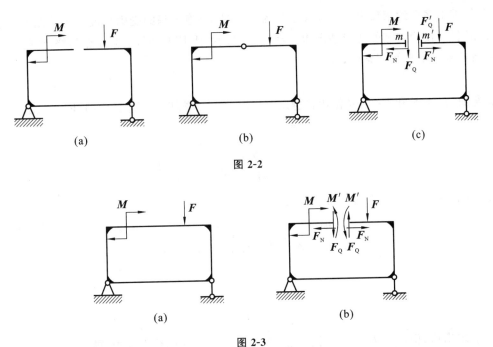

图 2-2

图 2-3

超静定曲杆等结构的方法及步骤。

2.2 弯曲超静定问题

　　工程实际中,为了提高受弯构件的强度或刚度,常常采用增加构件约束的方法。图 2-4 所示的镗刀杆,其左端与刚度很大的主轴连接,而在其右端加一尾架,以便于减小镗刀杆的弯曲变形,从而提高工件的加工精度。在讨论镗刀杆横向弯曲时,由于镗刀杆左端与主轴无相对运动,故可将其简化为固定端,镗刀杆右端的尾架则可简化为活动铰支座,如图 2-5(a) 所示。这样,镗刀杆便成为一端固定、另一端铰支的超静定梁。现以此梁为例,说明求解弯曲超静定问题的方法。

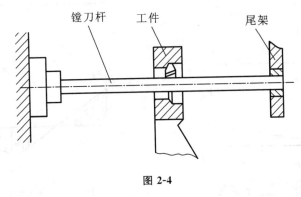

图 2-4

　　图 2-5(a) 所示的梁共有三个约束反力 —— 固定端 A 处的铅垂反力 F_A 和反力偶矩 M_A 及支座 B 处的反力 F_B,而梁的有效平衡方程只有两个 —— $\sum y = 0$,$\sum M = 0$,故该梁为一次超静定梁。若将支座 B 视为多余约束,并以多余约束反力 F_B 代替支座 B 的作用,则得到的静定基为悬臂梁 AB。在静定基上作用有原来的载荷 F 和多余约束反力 F_B,如图 2-5(b) 所

示。为了求出多余约束反力 F_B，以静定基为研究对象。静定基的受力情况与超静定梁的受力情况相同。要使静定基的变形情况也与超静定梁的变形情况相同，则 B 点的挠度必须为零，这一条件称为变形协调条件，即

$$y_B = 0 \qquad (a)$$

根据叠加法，当 F 和 F_B 同时作用在静定基上时，B 点的挠度（见图 2-5(c)、图 2-5(d)）为

$$y_B = y_{BF} + y_{BF_B}$$

$$= \frac{F\left(\dfrac{l}{2}\right)^2}{6EI}\left(3l - \frac{l}{2}\right) - \frac{F_B l^3}{3EI} \qquad (b)$$

将式(b)代入式(a)中，可得变形补充方程为

$$\frac{F\left(\dfrac{l}{2}\right)^2}{6EI}\left(3l - \frac{l}{2}\right) - \frac{F_B l^3}{3EI} = 0$$

解得

$$F_B = \frac{5}{16}F(\downarrow)$$

F_B 求出后，根据 F 及 $F_B = \dfrac{5F}{16}$，由平衡条件可求出其他约束反力，即

$$F_A = \frac{11}{6}F(\downarrow)$$

$$M_A = \frac{3}{16}F(\curvearrowright)$$

画出梁的弯矩图，如图 2-5(e)所示。可进一步对梁进行强度或刚度计算。通过建立变形补充方程来求解超静定问题的方法，称为变形比较法。

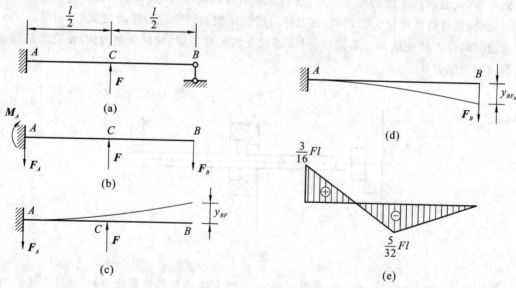

图 2-5

由上述讨论可知，解超静定梁问题的基本方法为：

（1）判断超静定次数，去掉多余约束，得到静定基；

（2）用未知的多余约束反力代替去掉的多余约束，然后加到静定基上，即得到相当

系统；

（3）根据多余约束处的变形条件及其相应的物理条件建立补充方程，解出多余未知约束反力；

（4）由静定基的平衡条件求出其他约束反力，画出内力图，并进行强度或刚度计算。

需指出的是，求解超静定结构问题时，究竟把哪个约束作为多余约束是可选择的，但得到的静定基必须是稳定的静定结构。例如对于图 2-5(a) 所示的梁，也可选 M_A 作为多余约束反力，即去掉 A 处的转角约束，使 A 处变成固定铰支座，该梁的静定基将变成简支梁 AB（见图 2-6(b)），简支梁 AB 上作用有载荷 F 和多余约束反力偶矩 M_A。A 处的变形协调条件可根据叠加法写出，即

$$\theta_{AF} + \theta_{AM_A} = 0 \tag{a}$$

式中，θ_{AF} 和 θ_{AM_A} 分别为 F 和 M_A 单独作用时 A 处的转角（见图 2-6(c)、图 2-6(d)）。再将物理条件代入式(a) 中，可得补充方程为

$$\frac{Fl^2}{16EI} + \frac{M_A l}{3EI} = 0$$

$$M_A = -\frac{3}{16}Fl\,(\curvearrowright)$$

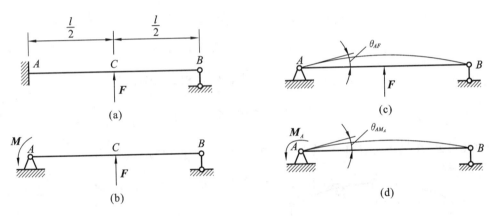

图 2-6

计算结果与按图 2-5(b) 所示的静定基求得的结果相同（负号表示 M_A 的实际方向与图中所设的方向相反）。

多余约束反力求出后，可对超静定梁进行强度或刚度计算，一般在静定基上进行。对于图 2-5(b) 所示的悬臂梁，在 F 及 $F_B = \dfrac{5F}{16}$ 的共同作用下，C 点的挠度为

$$y_C = \frac{F\left(\frac{l}{2}\right)^3}{3EI} - \frac{\frac{5F}{16}\left(\frac{l}{2}\right)^2}{6EI}\left(3l - \frac{l}{2}\right) = \frac{7Fl^3}{768EI}\,(\uparrow)$$

梁的最大弯矩在 A 端（见图 2-5(e)），则最大弯矩为

$$M_{\max} = \frac{3Fl}{16}$$

如果没有支座 B，则该梁变为静定梁，C 点的挠度为 $\dfrac{Fl^3}{24EI}$，它是超静定梁 C 点挠度的 $\dfrac{32}{7}$ 倍；而静定梁的最大弯矩为 $\dfrac{Fl}{2}$（在 A 端），它是超静定梁最大弯矩的 $\dfrac{8}{3}$ 倍。由此可见，超静定

梁相对于静定梁在强度和刚度方面都有较大的提高。但是由于超静定结构存在多余约束,它对构件的制造和安装相对于静定结构有更高的精度要求,以避免在构件内部产生较大的装配应力。

例 2-1 某机床主轴由三个轴承支承,装配时中间轴承偏离 AB 连线为 $\delta = 0.1$ mm,如图 2-7(a) 所示。若主轴直径 $d = 60$ mm,跨度 $l = 200$ mm,$E = 200$ GPa,试求主轴的装配应力。

解 (1)求多余约束反力。若把支座 C 作为多余约束去掉,则得到的静定基为简支梁 AB,该梁为一次超静定梁。将多余约束反力 $\boldsymbol{F}_C$ 加到静定基上(见图 2-7(b)),相应的变形协调条件为 C 点向上的挠度等于 δ,再由物理条件可写出补充方程,即

$$y_C = \frac{F_C(2l)^3}{48EI} = \delta$$

由此解得多余约束反力为

$$F_C = \frac{6EI\delta}{l^3}(\uparrow)$$

(2)计算应力。画出梁的弯矩图,如图 2-7(c) 所示,由图可知,梁的最大弯矩在 C 处,最大弯矩为

$$M_{\max} = \frac{F_C}{2}l = \frac{6EI\delta}{2l^3}l = \frac{3EI\delta}{l^2}$$

故有

$$\sigma_{\max} = \frac{M_{\max}}{W} = \frac{3E\delta}{l^2} \cdot \frac{I}{W} = \frac{3E\delta}{l^2} \cdot \frac{d}{2}$$

$$= \frac{3 \times 200 \times 10^3 \times 0.1 \times 60}{200^2 \times 2} \text{ MPa} = 45 \text{ MPa}$$

由此可见,在超静定结构中,微小的装配误差将产生可观的装配应力。

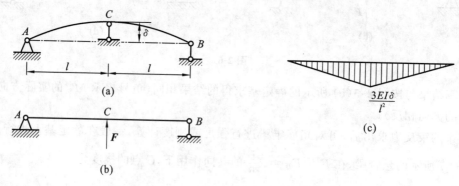

图 2-7

例 2-2 试求解图 2-8(a) 所示的两端固定梁。设 EI 为常量。

解 (1)判断超静定次数,确定静定基。

该梁在铅垂力 F 的作用下,两个固定端 A、B 各有一个铅垂反力和一个反力偶矩,共四个未知反力(在小变形情况下,梁的轴向位移很小,故可忽略两个水平反力),有效平衡方程只有两个,故该梁为二次超静定梁。以两个固定端 A、B 的转动约束作为多余约束,得到的静定基为简支梁 AB,多余约束反力为 $\boldsymbol{M}_A$ 和 $\boldsymbol{M}_B$。

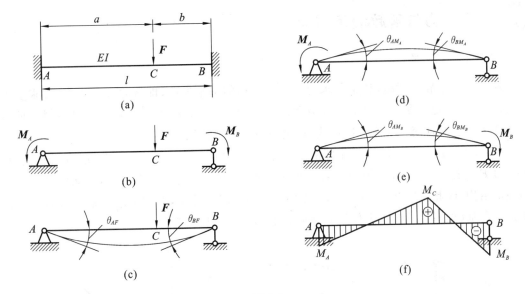

图 2-8

（2）列出变形补充方程，求解多余未知力。

将多余反力偶矩 M_A、M_B 及载荷 F 加到静定基上，如图 2-8(b) 所示，相应的变形协调条件为

$$\theta_A = 0 \tag{a}$$

$$\theta_B = 0 \tag{b}$$

根据叠加法，由图 2-8(c)、图 2-8(d)、图 2-8(e) 可知，在 F、M_A、M_B 单独作用时，两个固定端 A、B 处的转角分别为

$$\theta_A = \theta_{AF} + \theta_{AM_A} + \theta_{AM_B} = \frac{-Fab(l+b)}{6EIl} + \frac{M_A l}{3EI} + \frac{M_B l}{6EI} \tag{c}$$

$$\theta_B = \theta_{BF} + \theta_{BM_A} + \theta_{BM_B} = \frac{Fab(l+a)}{6EIl} - \frac{M_A l}{6EI} - \frac{M_B l}{3EI} \tag{d}$$

将式(c)、式(d) 分别代入式(a)、式(b) 中可得，变形补充方程为

$$-\frac{Fab(l+b)}{6EIl} + \frac{M_A l}{3EI} + \frac{M_B l}{6EI} = 0$$

$$\frac{Fab(l+a)}{6EIl} - \frac{M_A l}{6EI} - \frac{M_B l}{3EI} = 0$$

解得

$$M_A = \frac{Fab^2}{l^2}, \quad M_B = \frac{Fa^2 b}{l^2}$$

（3）画出梁的弯矩图。

由平衡条件可得，两个固定端 A、B 的约束反力分别为

$$F_A = \frac{Fb^2(l+2a)}{l^3}, \quad F_B = \frac{Fa^2(l+2b)}{l^3}$$

画出弯矩图，如图 2-8(f) 所示，则 C 点的弯矩为

$$M_C = \frac{2Fa^2 b^2}{l^3}$$

2.3 力法解超静定结构

一、力法正则方程

通过弯曲超静定问题,讨论了求解超静定结构的基本方法,即解除多余约束,寻求变形协调条件,从而建立足够数目的补充方程。下面所介绍的方法适用于各种超静定结构,而且这种方法建立的补充方程有标准形式,称之为力法正则方程。

现以图 2-9(a) 所示的圆形曲杆来说明此种方法的原理。曲杆的 A 端固定,B 端铰支。在水平力 F 的作用下,曲杆的未知约束反力有四个,而有效平衡方程有三个,故该曲杆为一次超静定结构,因此需要补充一个方程。以支座 B 作为多余约束,并用多余约束反力 X_1 代替。于是静定基(见图 2-9(b))上作用有载荷 F 和多余约束反力 X_1。

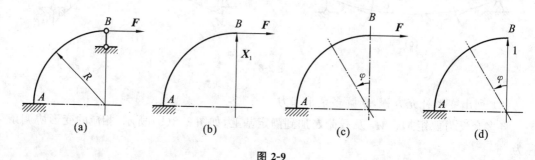

图 2-9

利用 B 点在多余约束反力 X_1 方向的位移为零这一条件,可写出变形协调条件,即

$$\delta_{1X_1} + \delta_{1F} = 0 \tag{a}$$

式中,δ_{1X_1} 表示多余约束反力 X_1 作用在静定基上时 X_1 的作用点处沿 X_1 方向的位移,δ_{1F} 表示载荷(这里的脚标 F 泛指载荷)作用在静定基上时 X_1 的作用点处沿 X_1 方向的位移(即第一个脚标 1 表示产生位移的方位,第二个脚标 X_1 或 F 表示引起位移的作用力)。

在弹性范围内的小变形情况下,位移与力成正比关系。所以,为了使所求的多余约束反力 X_1 在式(a)中表示得更为明显,可以在 B 点处沿 X_1 方向加一单位力,并用 δ_{11} 表示该单位力在 X_1 方向引起的位移。显然,多余约束反力 X_1 作用时,B 点沿 X_1 方向的位移 δ_{1X_1} 是 δ_{11} 的 X_1 倍,即 $\delta_{1X_1} = \delta_{11}X_1$,代入式(a)中可得

$$\delta_{11}X_1 + \delta_{1F} = 0 \tag{2-1}$$

上式中,X_1 以一个因子明显地出现于方程之中,在系数 δ_{11} 和常数项 δ_{1F} 确定后,便可解出多余约束反力 X_1(X_1 表示广义力)。

δ_{11} 和 δ_{1F} 可利用莫尔定理或图形互乘法计算。根据图 2-9(b) 所示的静定基,在只作用有载荷 F(见图 2-9(c))及在 B 点沿 X_1 方向作用有单位力(见图 2-9(d))这两种情况下,曲杆 φ 角截面处的弯矩分别为

$$M = FR(1-\cos\varphi), \quad M^0 = -R\sin\varphi$$

于是有

$$\delta_{1F} = \int_\varphi \frac{MM^0}{EI}R\,\mathrm{d}\varphi = -\frac{FR^3}{EI}\int_0^{\frac{\pi}{2}}(1-\cos\varphi)\sin\varphi\,\mathrm{d}\varphi = \frac{FR^3}{2EI} \tag{b}$$

$$\delta_{11} = \int_\varphi \frac{(M^0)^2}{EI}R\,\mathrm{d}\varphi = \frac{R^3}{EI}\int_0^{\frac{\pi}{2}}(-\sin\varphi)^2\,\mathrm{d}\varphi = \frac{\pi R^3}{4EI} \tag{c}$$

将式(b)、式(c)代入式(2-1)中,可得

$$X_1 = -\frac{\delta_{1F}}{\delta_{11}} = \frac{2F}{\pi}(\uparrow)$$

计算结果为正值,说明 X_1 的实际方向与图中所设方向相同。

　　虽然式(2-1)表示的补充方程是根据图 2-9(b)所示的一次超静定曲杆写出的,但它可作为求解一次超静定结构的通式,因为它所表达的含义是:多余约束反力 X_1 作用点处沿 X_1 方向的位移为零。如果 X_1 是一个多余反力偶矩,则式(2-1)就表示反力偶矩作用面的角位移为零。由于式(2-1)表示的补充方程的形式为规则的一元一次方程,且以力作为未知量,故称之为力法正则方程。

　　以上讨论了结构存在一个多余约束时的正则方程及其解法。下面用类似方法写出结构存在两个或两个以上的多余约束时的力法正则方程。图 2-10(a)所示为两端固定的刚架,它有三个多余约束。若将 B 端的三个约束解除,并设 B 点的三个多余约束反力分别为铅垂力 X_1、水平力 X_2 及力偶矩 X_3,如图 2-10(b)所示。利用 B 点处沿 X_1、X_2 及 X_3 方向的位移均为零的条件(见图 2-10(c)、图 2-10(d)、图 2-10(e)、图 2-10(f)),可写出三个补充方程,即

$$\begin{cases} \delta_{11}X_1 + \delta_{12}X_2 + \delta_{13}X_3 + \delta_{1F} = 0 \\ \delta_{21}X_1 + \delta_{22}X_2 + \delta_{23}X_3 + \delta_{2F} = 0 \\ \delta_{31}X_1 + \delta_{32}X_2 + \delta_{33}X_3 + \delta_{3F} = 0 \end{cases} \tag{2-2}$$

　　上述三元一次方程组称为求解三次超静定结构的力法正则方程。由此方程组可求出多余约束反力 X_1、X_2 和多余力偶矩 X_3(对于有更多个多余约束的超静定结构,其力法正则方程可类推)。式中,X_i 表示多余约束反力($i,j = 1,2,3$),系数 δ_{ij} 表示单位力 $X_j = 1$ 在 X_i 作用点处沿 X_i 方向引起的位移(线位移或角位移),自由项 δ_{iF} 表示实际载荷在 X_i 作用点处沿 X_i 方向引起的位移。由位移互等定理可知,$\delta_{ij} = \delta_{ji}$,因此式(2-2)中的独立系数只有六个。

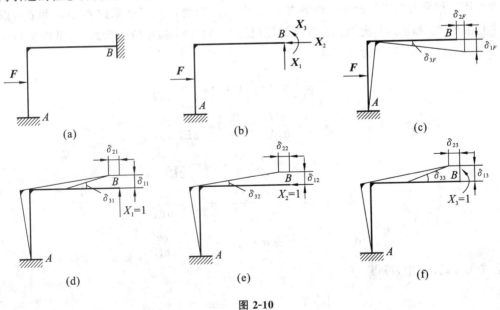

图 2-10

　　例 2-3　试求解图 2-11(a)所示的超静定刚架,并画出弯矩图。设杆 AC、CB 的抗弯刚度 EI 相同。

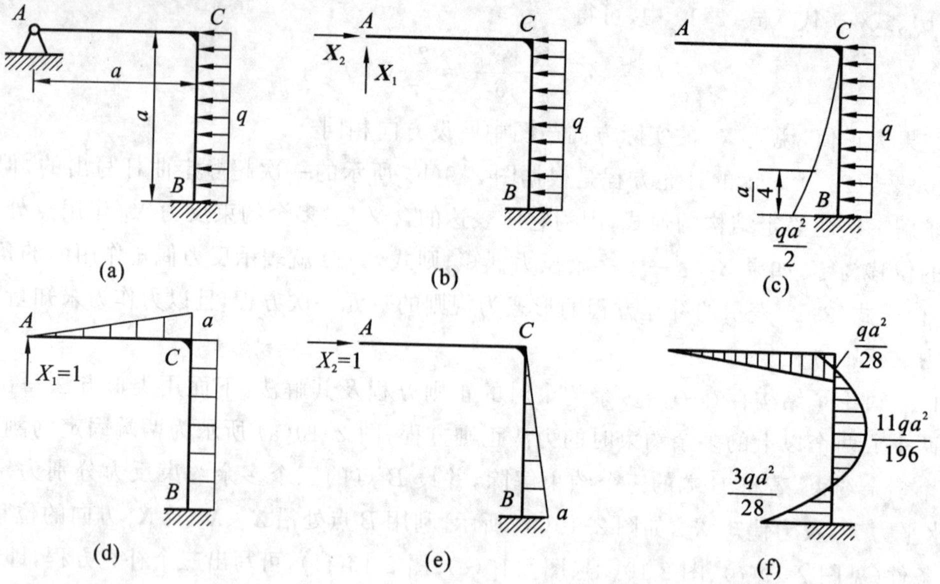

图 2-11

解 该刚架的 A 端是固定铰链，B 端是固定端，约束反力有五个，有效平衡方程有三个，故该刚架为二次超静定结构。若解除 A 端的两个约束，并设铅垂方向的多余约束反力为 X_1，水平方向的多余约束反力为 X_2，将其加到图 2-11(b) 所示的静定基上，根据 A 端沿 X_1 和 X_2 方向的位移均为零的条件可得，力法正则方程为

$$\begin{cases} \delta_{11}X_1 + \delta_{12}X_2 + \delta_{1F} = 0 \\ \delta_{21}X_1 + \delta_{22}X_2 + \delta_{2F} = 0 \end{cases} \tag{a}$$

上述方程组为二次超静定结构的力法正则方程，需要计算三个系数 δ_{11}、δ_{22} 和 δ_{12}，以及两个自由项 δ_{1F} 和 δ_{2F}，为此画出载荷弯矩图(见图 2-11(c))和单位力弯矩图(见图 2-11(d)、图 2-11(e))。利用图形互乘法可得

$$\delta_{11} = \frac{1}{EI}\left(\frac{a^2}{2} \cdot \frac{2a}{3} + a^2 \cdot a\right) = \frac{4a^3}{3EI}$$

$$\delta_{22} = \frac{1}{EI}\left(\frac{a^2}{2} \cdot \frac{2a}{3}\right) = \frac{a^3}{3EI}$$

$$\delta_{12} = \delta_{21} = \frac{1}{EI}\left(\frac{a^2}{2} \cdot a\right) = \frac{a^3}{2EI}$$

$$\delta_{1F} = -\frac{1}{EI}\left(\frac{qa^2}{2}a \cdot \frac{1}{3} \cdot a\right) = -\frac{qa^4}{6EI}$$

$$\delta_{2F} = -\frac{1}{EI}\left(\frac{qa^2}{2}a \cdot \frac{1}{3} \cdot \frac{3a}{4}\right) = -\frac{qa^4}{8EI}$$

将上式代入式(a)中，可得

$$\begin{cases} \dfrac{4}{3}X_1 + \dfrac{1}{2}X_2 - \dfrac{1}{6}qa = 0 \\ \dfrac{1}{2}X_1 + \dfrac{1}{3}X_2 - \dfrac{1}{8}qa = 0 \end{cases}$$

解得

$$X_1 = -\frac{qa}{28}(\downarrow), \quad X_2 = \frac{3}{7}qa(\rightarrow)$$

多余约束反力确定后,即可画出弯矩图,如图 2-11(f) 所示。

二、内力超静定结构

以上分析的结构中,多余约束反力均为结构的外部约束反力,这种结构称为外力超静定结构。但有些超静定结构,如封闭环和封闭框架等在外力的作用下,其多余约束反力为内力,这种结构称为内力超静定结构。现举例说明内力超静定结构的分析方法。

例 2-4 一链条由许多节链环套接而成,图 2-12(a) 所示为一节套环,其上、下部分为半圆形,中间部分为长度为 $2a$ 的两段直杆。已知链环的抗弯刚度为 EI,试求链环在拉力 F 的作用下任一截面的内力。

解 当链环在平面内受力时,将链环沿任一截面切开,切口处将出现三个多余约束反力,即弯矩、剪切力及轴力,因此该链环为三次内力超静定结构。当结构和载荷具有对称性时,可使多余约束反力减少。由于该链环的形状及受力关于水平轴 AB 及铅垂轴 CD 对称,因此该链环的变形和内力也关于这两条轴对称。

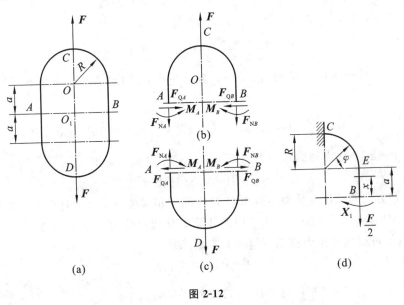

图 2-12

利用对称性可证明在 A、B 截面上的剪切力为零。沿水平轴 AB 将链环切开,得上、下两个完全相同的结构。根据作用与反作用关系设定断面上部分的剪切力、弯矩及轴力,如图 2-12(b)、图 2-12(c) 所示。由于内力关于水平轴 AB 对称,因此若将图 2-12(c) 所示的链环上部分结构绕水平轴 AB 旋转 $180°$,则内力的大小和方向应重合,但只有剪切力的方向相反,故必须有 $F_B = 0$。再根据铅垂轴 CD 的对称性可得,$F_{NA} = F_{NB}$,$M_A = M_B$;根据图 2-12(b) 所示的链环上部分的平衡条件 $\sum y = 0$ 可得,$F_{NA} = F_{NB} = \frac{F}{2}$。这样就只有弯矩不能根据平衡条件求出。故该链环是一次超静定结构。

现在来求弯矩 $M_B(M_B = M_A)$。因为对称轴上的截面 A、B、C、D 都不会发生转动,所以可取链环的 $\frac{1}{4}$ 部分作为静定基,将 C 截面视为固定端,如图 2-12(d) 所示。

设弯矩 M_B 为 X_1，在 B 截面处作用有轴力 $\dfrac{F}{2}$ 和弯矩 X_1。将 B 截面的转角为零这一条件用一次超静定结构的力法正则方程来表示，即

$$\delta_{11} X_1 + \delta_{1F} = 0 \tag{a}$$

图 2-12(d) 所示的静定基在 $\dfrac{F}{2}$ 和 $X_1 = 1$ 单独作用时，BE 段 x 截面处的弯矩分别为

$$M = 0, \quad M^0 = 1$$

在半圆 EC 段任一 φ 角截面处的弯矩分别为

$$M = \frac{FR}{2}(1 - \cos\varphi), \quad M^0 = 1$$

于是根据单位载荷法可得

$$\delta_{11} = \frac{1}{EI}\left[\int_0^a (1 \times 1)\mathrm{d}x + \int_0^{\frac{\pi}{2}} (1 \times 1)R\mathrm{d}\varphi\right] = \frac{1}{2EI}(2a + \pi R) \tag{b}$$

$$\delta_{1F} = \frac{1}{EI}\int_0^{\frac{\pi}{2}} \frac{FR}{2}(1 - \cos\varphi)R\mathrm{d}\varphi = \frac{FR^2}{2EI}\left(\frac{\pi}{2} - 1\right) \tag{c}$$

将式(b)、式(c) 代入式(a) 中，可得

$$X_1 = -\frac{FR^2}{2}\frac{(\pi - 2)}{(2a + \pi R)}$$

如果 $a = R$，代入上式中，可得

$$X_1 = -\frac{\pi - 2}{2(\pi + 2)}FR = -0.11FR$$

求出 X_1 后，即可求得链环 BE 段任一 x 截面处及半圆 EC 段任一 φ 角截面处的弯矩，即

$$M(x) = -0.11FR \tag{d}$$

$$M(\varphi) = \frac{FR}{2}(1 - \cos\varphi) - 0.11FR = \left(0.389 - \frac{1}{2}\cos\varphi\right)FR \tag{e}$$

由式(e) 可计算出 C 截面处的弯矩为

$$M_C = 0.389FR$$

链环铅垂方向的长度变化即为截面 C、D 之间的相对位移 δ_{CD}。要计算这一位移，可在 C、D 截面处施加单位力，即将图 2-12(a) 中的载荷 F 换成单位力 1。此时只要在式(a) 和式(b) 中令 $F = 1$，便可得到单位力作用下链环的弯矩，即

$$M^0(x) = -0.11R$$

$$M^0(\varphi) = \left(0.389 - \frac{1}{2}\cos\varphi\right)R$$

用单位载荷法求 δ_{CD} 时，应对整个链环进行积分，故有

$$\delta_{CD} = \frac{4}{EI}\left[\int_0^R FR^2(-0.11)^2\mathrm{d}x + \int_0^{\frac{\pi}{2}} FR^2\left(0.389 - \frac{1}{2}\cos\varphi\right)^2 R\mathrm{d}\varphi\right]$$

$$= \frac{4}{EI} \cdot 0.0573FR^3$$

$$= 0.229\frac{FR^3}{EI}$$

例 2-5 如图 2-13(a) 所示，悬臂梁 AB 和 CD 的自由端由杆 BC 铰接。设悬臂梁 AB 和 CD 的抗弯刚度 EI 及杆 BC 的抗拉(压)刚度 EA 均为已知，试求解此超静定结构。

解 如果将杆 BC 在 B 处拆开，并用杆 BC 的轴力 X_1 代替杆 BC，则此时该结构

为静定结构。由此可知,原来的结构为一次内力超静定结构。静定基(见图 2-13(b))上作用有多余约束反力 X_1 和载荷 q(q 作用在 CD 梁上)。根据图 2-13(b),采用式(2-1)求轴力 X_1,即

$$\delta_{11} X_1 + \delta_{1F} = 0 \qquad (a)$$

由于是在 B 处施加一对力 X_1,因此力法正则方程表示的是力 X_1 的作用面之间沿 X_1 方向的相对位移为零。

用图形互乘法求 δ_{11} 和 δ_{1F},为此画出载荷 q 和单位力 $X_1 = 1$ 单独作用时的弯矩图,如图 2-13(c)、图 2-13(d)所示。注意,图 2-13(c)中杆 BC 的轴力为零,而图 2-13(d)中杆 BC 的轴力为 1。因此在计算 δ_{11} 时,除了将单位力弯矩图自乘外,还应计入轴力 $X_1 = 1$ 时引起的沿 X_1 方向的位移 $\dfrac{l}{EA}$,故有

$$\delta_{11} = \frac{1}{EI}\left(\frac{l \cdot l}{2} \cdot \frac{2l}{3}\right) \cdot 2 + \frac{1 \cdot l}{EA} = \frac{2l^3}{3EI} + \frac{l}{EA} \qquad (b)$$

$$\delta_{1F} = -\frac{1}{EI}\left(\frac{ql^2}{2} \cdot l \cdot \frac{1}{3} \cdot \frac{3l}{4}\right) = -\frac{ql^4}{8EI} \qquad (c)$$

将式(b)、式(c)代入式(a)中,可得

$$X_1 = \frac{ql^3}{8\left(\dfrac{2l^2}{3} + \dfrac{I}{A}\right)}$$

上式中,若 $\dfrac{I}{A}$ 比 $\dfrac{2l^2}{3}$ 小很多,则可将其忽略不计,此时 $X_1 = \dfrac{3ql}{16}$,此值相当于杆 BC 为刚性杆时的轴力。

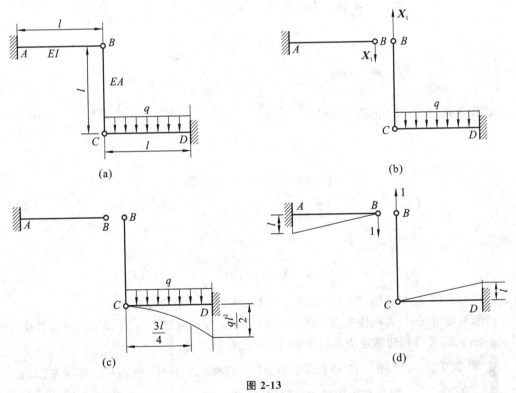

图 2-13

例 2-6　试求图 2-14(a)所示的超静定刚架的最大弯矩值。设刚架各段的抗弯刚度 EI 相同。

解 A、B 端为固定端，约束反力有六个，而有效平衡方程只有三个，因此该刚架为三次超静定结构。选择静定基时，可去掉一个固定端，如 B 端，此时将出现三个多余约束反力，如图 2-14(b) 所示，该刚架为外力超静定结构。由于该刚架相对于铅垂轴左、右对称，因此可将该刚架沿水平杆的中央截面 C 切开。这样，所得的静定基由左静定刚架 AC 和右静定刚架 BC 组成，多余约束反力就是作用在切口左、右侧面上的三个成对的内力，即轴力、剪切力及弯矩。这属于内力超静定问题。现根据图 2-14(c) 所示的静定基求解多余约束反力。设弯矩为 X_1，轴力为 X_2，剪切力为 X_3。静定基在载荷和多余约束反力的共同作用下的变形条件是切口处的相对转角、相对水平位移及相对铅垂位移均为零。补充方程可用式(2-2)来表达。

画出载荷弯矩图 M_F（见图 2-14(d)）和单位力弯矩图 M_1^0（见图 2-14(e)）、M_2^0（见图 2-14(f)）、M_3^0（见图 2-14(g)）。利用图形互乘法可得

$$\delta_{1F} = -\frac{1}{EI}\left(\frac{a}{2}\cdot\frac{Fa}{2}\cdot\frac{1}{2}\right)\cdot 1 = -\frac{Fa^2}{8EI}$$

$$\delta_{2F} = \frac{1}{EI}\left(\frac{a}{2}\cdot\frac{Fa}{2}\cdot\frac{1}{2}\right)\cdot\frac{5a}{6} = \frac{5Fa^3}{48EI}$$

$$\delta_{3F} = \frac{1}{EI}\left(\frac{a}{2}\cdot\frac{Fa}{2}\cdot\frac{1}{2}\right)\cdot\frac{a}{2} = \frac{Fa^3}{16EI}$$

$$\delta_{11} = \frac{3}{EI}(a\cdot 1\cdot 1) = \frac{3a}{EI}$$

$$\delta_{22} = \frac{2}{EI}\left(a\cdot a\cdot\frac{1}{2}\right)\cdot\frac{2a}{3} = \frac{2a^3}{3EI}$$

$$\delta_{33} = \frac{2}{EI}\left(a\cdot\frac{a}{2}\cdot\frac{a}{2}+\frac{a}{2}\cdot\frac{a}{2}\cdot\frac{1}{2}\cdot\frac{2}{3}\cdot\frac{a}{2}\right) = \frac{7a^3}{12EI}$$

$$\delta_{12} = \delta_{21} = -\frac{2}{EI}\left(a\cdot a\cdot\frac{1}{2}\cdot 1\right) = -\frac{a^2}{EI}$$

$$\delta_{13} = \delta_{31} = 0$$

$$\delta_{23} = \delta_{32} = 0$$

将上式代入式(2-2)中，化简后可得

$$\begin{cases} 3X_1 - aX_2 = \dfrac{1}{8}Fa \\ -X_1 + \dfrac{2}{3}aX_2 = -\dfrac{5}{48}Fa \\ \dfrac{7}{12}X_3 = -\dfrac{1}{16}F \end{cases}$$

解得

$$X_1 = -\frac{1}{48}Fa, \quad X_2 = -\frac{3}{16}F, \quad X_3 = -\frac{3}{28}F$$

计算结果为负值，说明弯矩、轴力及剪切力的实际方向与图中所设方向相反。

画刚架弯矩图时，将单位力弯矩图 M_1^0、M_2^0 及 M_3^0 分别乘以 X_1、X_2 及 X_3，再与载荷弯矩图 M_F 叠加，即可得到超静定刚架的弯矩图 M（见图 2-14(h)）。

例 2-7 试求图 2-15(a) 所示的桁架各杆的内力。设各杆的抗拉（压）刚度 EA 均相同。

解 桁架各杆由铰链连接，且外载荷作用在铰接点（或称节点）上，因此各杆均为二力杆。桁架外部有三个支反力，在平面内有三个有效平衡方程，故该桁架是外力静定结构；而桁架内部因为各节点均由三根杆组成，而一个节点只能有两个有效平衡方程，所以

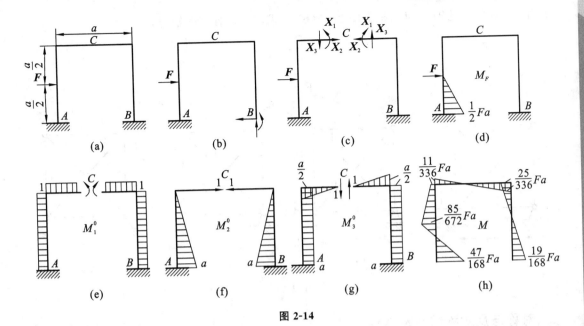

图 2-14

该桁架是一次内力超静定结构。若将杆 4 切开,并用多余轴力 X_1 代替杆 4(见图 2-15(b)),则在力 F 和 X_1 的共同作用下,杆 4 切口的左、右侧面沿 X_1 方向的相对位移应等于零,即

$$\delta_{11}X_1 + \delta_{1F} = 0 \qquad (a)$$

由桁架各节点的平衡条件,根据图 2-15(c)求出静定基在力 F 的作用下各杆的轴力 F_{Ni},根据图 2-15(d)求出静定基在单位力 $X_1 = 1$ 的作用下各杆的轴力 F_{Ni}^0,其数据如表 2-1 所示。

表 2-1　在力 F 和 X_1 的作用下桁架各杆的轴力

	F_{Ni}	F_{Ni}^0	l_i	$F_{Ni}F_{Ni}^0 l_i$	$F_{Ni}^0 F_{Ni}^0 l_i$
1	$-F$	1	a	$-Fa$	a
2	$-F$	1	a	$-Fa$	a
3	0	1	a	0	a
4	0	1	a	0	a
5	$\sqrt{2}F$	$-\sqrt{2}$	$\sqrt{2}a$	$-2\sqrt{2}Fa$	$2\sqrt{2}a$
6	0	$-\sqrt{2}$	$\sqrt{2}a$	0	$2\sqrt{2}a$
				$\sum F_{Ni}F_{Ni}^0 l_i = -2(1+\sqrt{2})Fa$	$F_{Ni}^0 F_{Ni}^0 l_i = 4(1+\sqrt{2})a$

应用单位载荷法可得

$$\delta_{1F} = \sum \frac{F_{Ni}F_{Ni}^0 l_i}{EA} = -\frac{2(1+\sqrt{2})Fa}{EA} \qquad (b)$$

$$\delta_{11} = \sum \frac{F_{Ni}^0 F_{Ni}^0 l_i}{EA} = \frac{4(1+\sqrt{2})a}{EA} \qquad (c)$$

将式(b)、式(c)代入式(a)中,可得

$$X_1 = -\frac{\delta_{1F}}{\delta_{11}} = \frac{2(1+\sqrt{2})Fa}{4(1+\sqrt{2})a} = \frac{F}{2}$$

求出 X_1（即杆 4 的轴力）后，根据图 2-15(b)可求出其他各杆的轴力，即

$$F_{N1} = F_{N2} = -\frac{F}{2}, \quad F_{N3} = F_{N4} = \frac{F}{2}$$

$$F_{N5} = \frac{\sqrt{2}}{2}F, \quad F_{N6} = -\frac{\sqrt{2}}{2}F$$

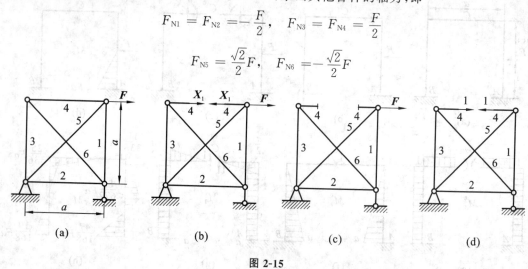

图 2-15

三、对称与反对称超静定结构

工程实际中，有些结构的几何形状、刚度条件（指 EA、GI_p、EI）及约束情况相对于某个轴（或平面）是对称的，如图 2-16(a)所示，这种结构称为对称结构。图 2-12(a)所示的链环也是对称结构。由例 2-4 中链环的分析过程可知，利用结构的对称性质可使计算工作大为简化。

对称结构承受的载荷可以是各种各样的。如果载荷也关于结构的对称轴对称，即作用在对称位置的载荷的数值相等而指向对称，则称该载荷为对称载荷，如图 2-16(b)所示；如果作用在对称位置的载荷的数值相等而指向相反，则称该载荷为反对称载荷，如图 2-16(c)所示。显然，在对称载荷的作用下，对称结构的变形和内力必然是对称的；反之，在反对称载荷的作用下，对称结构的变形和内力也一定是反对称的。利用对称结构的这一特性，在分析对称结构的超静定问题时，可减少超静定次数。静定基的选择可在对称轴（对称面）处将杆切开，取对称的静定基，如图 2-17(a)所示。这样，在对称载荷的作用下，对称面上只会作用有弯矩 M 和轴力 F_N，而剪切力一定为零。原因是当剪切力满足作用与反作用关系时，不可能满足对称性，如果要同时满足这两种要求，唯一的可能就是剪切力为零。然而，在反对称载荷的作用下，对称面上只会作用有剪切力 F_Q，而弯矩和轴力必然为零，如图 2-17(b)所示。

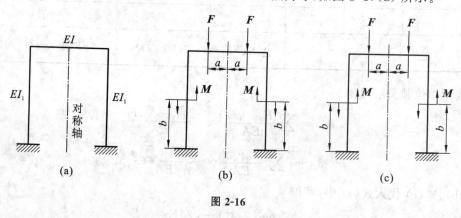

图 2-16

由此可知，对称结构承受对称载荷时，对称轴处的横截面（对称面）上的剪切力和扭矩为

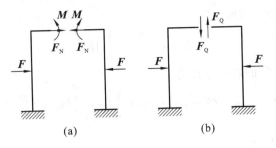

图 2-17

零;对称结构承受反对称载荷时,对称轴处的横截面上的轴力和弯矩为零。

例 2-8 试求图 2-18(a) 所示的圆环的最大弯矩。

解 该圆环为对称结构,且承受对称于水平轴 AB 和铅垂轴 CD 的载荷 F 的作用。沿对称轴 AB 将圆环切开,得到两个对称的静定基,如图 2-18(b) 所示。利用对称性可知,A、B 截面的剪切力为零,而轴力 $F_{NA} = F_{NB}$,弯矩 $M_A = M_B$。由静定基的平衡条件 $\sum y = 0$,可求得 $F_{NA} = F_{NB} = \dfrac{F}{2}$。这样,多余约束反力只有 M_A、M_B。

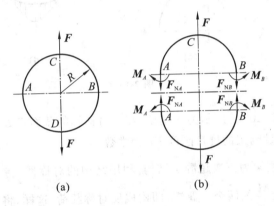

图 2-18

现在考虑圆环的 $\dfrac{1}{4}$ 部分,如图 2-19(a) 所示。将相对转角为零的截面 C 视为固定端。设弯矩 M_B 为 X_1,则表示截面 B 的转角为零的力法正则方程为

$$\delta_{11}X_1 + \delta_{1F} = 0 \tag{a}$$

由于圆环为曲杆,因此需要利用单位载荷法计算 δ_{11} 和 δ_{1F}。为此,分别列出由轴力 $\dfrac{F}{2}$ 引起的载荷弯矩方程和由单位力偶矩 $X_1 = 1$ 引起的单位弯矩方程(见图 2-19(b)、图 2-19(c)),即

$$M = \frac{FR}{2}(1 - \cos\varphi) \left(0 \leqslant \varphi \leqslant \frac{\pi}{2} \right)$$

$$M^0 = -1$$

则有

$$\delta_{1F} = 4\int_0^{\frac{\pi}{2}} \frac{MM^0}{EI}R\,\mathrm{d}\varphi = \frac{4}{EI}\int_0^{\frac{\pi}{2}} \frac{FR}{2}(1-\cos\varphi)(-1)R\,\mathrm{d}\varphi = (2-\pi)\frac{FR^2}{EI} \tag{b}$$

$$\delta_{11} = 4\int_0^{\frac{\pi}{2}} \frac{(M^0)^2}{EI}R\,\mathrm{d}\varphi = \frac{4}{EI}\int_0^{\frac{\pi}{2}} (-1)^2 R\,\mathrm{d}\varphi = \frac{2\pi R}{EI} \tag{c}$$

将式(b)、式(c)代入式(a)中,可得

$$X_1 = \left(\frac{1}{2} - \frac{1}{\pi}\right)FR$$

由于 $X_1 = M_B$,则 BC 段的弯矩方程为

$$M = M_B - F_{NB}R(1-\cos\varphi) = \left(\frac{1}{2} - \frac{1}{\pi}\right)FR - \frac{FR}{2}(1-\cos\varphi)$$

$$= \frac{FR}{2}\left(\cos\varphi - \frac{2}{\pi}\right)$$

先画出 BC 段的弯矩图,然后根据对称性画出整个圆环的弯矩图,如图 2-19(b) 所示。

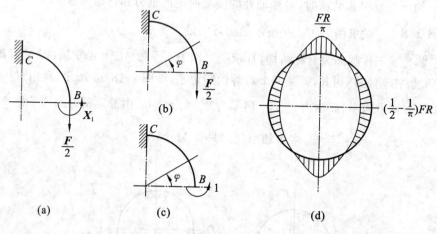

图 2-19

例 2-9　图 2-20(a) 所示为一刚架,在其对称轴的截面 C 处作用有集中力偶矩 $\boldsymbol{M}$,试画出刚架的弯矩图。设刚架的抗弯刚度 EI 为常数。

解　该刚架为三次超静定结构。利用结构的对称性,将力偶矩 $\boldsymbol{M}$ 分解为作用在截面 C 两侧的大小为 $\frac{M}{2}$ 的两个力偶矩,即构成反对称载荷。这样,将刚架沿截面 C 切开,对称面 C 上只作用有一个多余内力 —— 剪切力 $\boldsymbol{F}_Q$,而弯矩和轴力为零,如图 2-20(b) 所示。设剪切力 $\boldsymbol{F}_Q$ 为 $\boldsymbol{X}_1$,则表示截面 C 两侧沿 $\boldsymbol{X}_1$ 方向的相对位移为零的力法正则方程为

$$\delta_{11}X_1 + \delta_{1F} = 0 \tag{a}$$

分别画出静定基在载荷 $\frac{\boldsymbol{M}}{2}$ 及单位力 $X_1 = 1$ 的作用下的弯矩图,如图 2-20(c)、图 2-20(d) 所示。利用图形互乘法可得

$$\delta_{1F} = \frac{2}{EI}\left(\frac{M}{2} \cdot a \cdot \frac{a}{2} + \frac{M}{2} \cdot \frac{a}{2} \cdot \frac{a}{4}\right) = \frac{5Ma^2}{8EI} \tag{b}$$

$$\delta_{11} = \frac{2}{EI}\left(a \cdot \frac{a}{2} \cdot \frac{a}{2} + \frac{1}{2} \cdot \frac{a}{2} \cdot \frac{a}{2} \cdot \frac{2}{3} \cdot \frac{a}{2}\right) = \frac{7a^3}{12EI} \tag{c}$$

将式(b)、式(c)代入式(a)中,解得

$$X_1 = -\frac{15M}{14a}$$

多余内力 $\boldsymbol{X}_1(X_1 = F_Q)$ 确定后,即可画出刚架的弯矩图,如图 2-20(e) 所示。

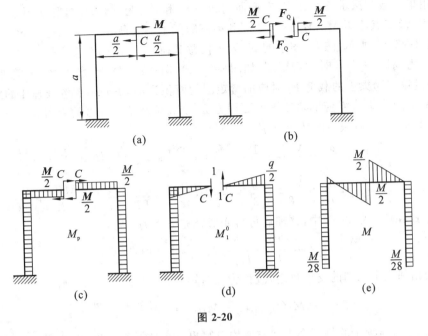

图 2-20

2.4 连续梁及三弯矩方程

具有三个或三个以上支承的梁称为连续梁。图 2-21(a) 所示为具有六个支点的(五跨)连续梁的受力计算简图。连续梁在机械、航空及建筑等工程中的应用很广,因此连续梁是一种常见的超静定梁。

现在以图 2-21(a) 为例说明连续梁的解法。首先在所有中间支座处将梁假想地切开,并换成铰链连接,即解除转角在支座处的连续性,取静定基为相连接的几个简支梁;然后在中间铰链处分别加上成对的多余未知弯矩 M_1、M_2、M_3 等,如图 2-21(b) 所示。这些弯矩就是简支梁的支点弯矩(即多余约束反力)。这种情况下的变形协调条件为各中间铰链处的左、右截面的相对转角 θ 为零。现在考虑 12 和 23 这两个相邻跨度的简支梁(见图 2-22(a))。在支座 2 处保持连续的协调方程为

$$\theta'_2 + \theta''_2 = 0 \qquad\qquad (a)$$

显然,支座 2 处左、右截面的相对转角只与相邻跨度的简支梁上的作用力有关,即只与该简支梁上的载荷及支座处的支点弯矩 M_1、M_2、M_3 有关。这样,补充方程既容易建立,也便于求解。

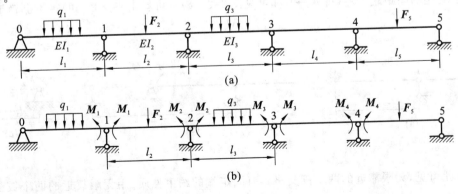

图 2-21

利用单位载荷法求支座 2 左、右截面的转角 θ'_2 和 θ'_2。为此,采用叠加法画出第二跨梁上的载荷 F_2 及支点弯矩 M_1、M_2 的弯矩图和第三跨梁上的载荷 q_3 及支点弯矩 M_2、M_3 的弯矩图,如图 2-22(b) 所示。注意,图中的 F_2 表示任意载荷,故画出的对应弯矩图为任意曲线。再画出单位力偶矩 $M_2 = 1$ 时的弯矩图,如图 2-22(c)、图 2-22(d) 所示。图中支点弯矩均假设为正向,并设第二跨梁上的载荷 F_2 对应的弯矩图的面积为 ω_2,其形心到左支座 1 的距离为 a_2,第三跨梁上的载荷 q_3 对应的弯矩图的面积为 ω_3,其形心到右支座 3 的距离为 b_3。由图形互乘法可得,支座 2 左、右截面的转角分别为

$$\theta'_2 = \frac{1}{EI_2}\left(\omega_2 \cdot \frac{a_2}{l_2} + \frac{M_1 l_2}{2} \cdot \frac{1}{3} + \frac{M_2 l_2}{2} \cdot \frac{2}{3}\right) = \frac{1}{EI_2}\left(\frac{\omega_2 a_2}{l_2} + \frac{M_1 l_2}{6} + \frac{M_2 l_2}{3}\right) \quad \text{(b)}$$

$$\theta'_2 = \frac{1}{EI_3}\left(\omega_3 \cdot \frac{b_3}{l_3} + \frac{M_2 l_3}{2} \cdot \frac{2}{3} + \frac{M_3 l_3}{2} \cdot \frac{1}{3}\right) = \frac{1}{EI_3}\left(\frac{\omega_3 b_3}{l_3} + \frac{M_2 l_3}{3} + \frac{M_3 l_3}{6}\right) \quad \text{(c)}$$

将式(b)、式(c) 代入式(a) 中,整理后可得变形补充方程为

$$\frac{M_1 l_2}{I_2} + 2M_2\left(\frac{l_2}{I_2} + \frac{l_3}{I_3}\right) + M_3\frac{l_3}{I_3} = -6\left(\frac{\omega_2 a_2}{I_2 l_2} + \frac{\omega_3 b_3}{I_3 l_3}\right) \quad \text{(2-3)}$$

上式包括相邻三个未知的支点弯矩,故称为三弯矩方程。如果 $I_2 = I_3$,则式(2-3) 可简化为

$$M_1 l_2 + 2M_2(l_2 + l_3) + M_3 l_3 = -6\left(\frac{\omega_2 a_2}{l_2} + \frac{\omega_3 b_3}{l_3}\right) \quad \text{(2-4)}$$

由此看来,连续梁的每一个中间支座均可写出一个这样的方程,因此所得到的补充方程数目一定与支点弯矩数目相同,由此可求出未知的支点弯矩。

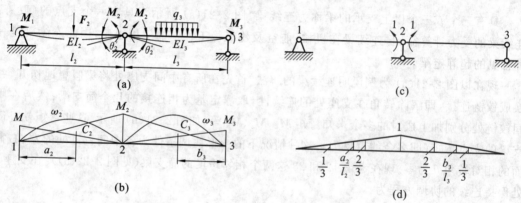

图 2-22

如果梁的一端为固定端,如图 2-23(a) 所示,则在右端 2 处,未知的支点弯矩将相应地增加。处理这种情况的方法是用两个无限靠近的简支梁来代替固定端,如图 2-23(b) 所示。因为当两个支座的间距趋于零(即 $l_3 \to 0$ 时)(见图 2-23(c)),可看出支点 2 处的转角也趋于零,即

$$\theta_2 = \frac{M_2 l_3}{3EI} \approx 0$$

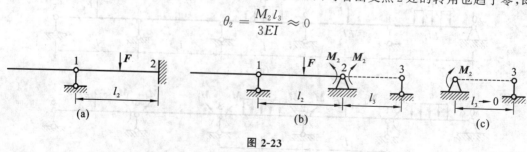

图 2-23

由此可见,无限靠近的两个铰支座具有固定端的约束性质。用无限靠近的两个铰支座代

替固定端后，即可在支座 2 处补充建立一个三弯矩方程。

例 2-10 利用三弯矩方程求解图 2-24(a) 所示的连续梁。设 EI 为常数。

解 将梁 12、23 及 34 视为简支梁，则梁 12、23 及 34 即为静定基，多余未知力为支点弯矩 M_2、M_3（见图 2-24(b)），所以该连续梁为二次超静定梁。画出各跨载荷弯矩图，如图 2-24(c) 所示。

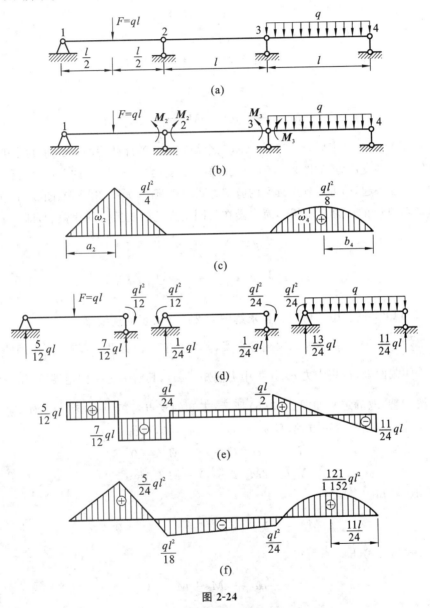

图 2-24

支座 1、2、3 和支座 2、3、4 的三弯矩方程分别为

$$M_1 l_2 + 2M_2(l_2 + l_3) + M_3 l_3 = -6\left(\frac{\omega_2 a_2}{l_2} + \frac{\omega_3 b_3}{l_3}\right) \tag{a}$$

$$M_2 l_3 + 2M_3(l_3 + l_4) + M_4 l_4 = -6\left(\frac{\omega_3 a_3}{l_3} + \frac{\omega_4 b_4}{l_4}\right) \tag{b}$$

由图 2-24(b)、图 2-24(c) 可得

$$M_1 = 0, \quad M_4 = 0, \quad \omega_3 = 0$$

$$\omega_2 = \frac{1}{2} \cdot l \cdot \frac{ql^2}{4} = \frac{ql^3}{8}, \quad a_2 = \frac{l}{2}$$

$$\omega_4 = \frac{2}{3} \cdot l \cdot \frac{ql^2}{8} = \frac{ql^3}{12}, \quad b_4 = \frac{l}{2}$$

将上式代入式(a)、式(b)中,整理后可得

$$4M_2 + M_3 = -\frac{3}{8}ql^2$$

$$M_2 + 4M_3 = -\frac{1}{4}ql^2$$

解得

$$M_2 = -\frac{1}{12}ql^2, \quad M_3 = -\frac{1}{24}ql^2$$

支点弯矩 M_2、M_3 确定后,12、23 及 34 这三个简支梁上的外载荷均为已知。再根据每一个梁的平衡条件求出各支反力,如图 2-24(d)所示。画出简支梁 12、23 及 34 的剪切力图和弯矩图,把它们分别连接在一起,即可得到连续梁的剪切力图和弯矩图,如图 2-24(e)、图 2-24(f)所示。

连续梁各支座的反力等于相邻简支梁在共同支座处的支反力的代数和,即

$$F_1 = \frac{5}{12}ql(\uparrow), \quad F_2 = \frac{15}{24}ql(\uparrow)$$

$$F_3 = \frac{1}{2}ql(\uparrow), \quad F_4 = \frac{11}{24}ql(\uparrow)$$

例 2-11 试利用三弯矩方程求解图 2-25(a)所示的连续梁。

解 该连续梁为二次超静定梁,其左边有一外伸臂,可将上面作用的外载荷简化到支点 1 的截面处,得集中力 qa 和集中力偶矩 $\frac{1}{2}qa^2$,其右端为一固定端,可用一跨度无限小的简支梁代替。取静定基如图 2-25(b)所示,未知的支点弯矩为 M_2 和 M_3。对支点 1、2、3 和支点 2、3、4 分别应用三弯矩方程,且 $\omega_2 = \omega_3 = \omega_4 = 0$,可得

$$M_1 l + 2M_2(l+l) + M_3 l = 0 \tag{a}$$

$$M_2 l + 2M_3(l+l_4) + M_4 l_4 = 0 \tag{b}$$

由图 2-25(b)可知

$$M_1 = -\frac{1}{2}qa^2, \quad M_4 = 0, \quad l_4 = 0$$

将上式代入式(a)、式(b)中,可得

$$-\frac{1}{2}qa^2 + 4M_2 + M_3 = 0$$

$$M_2 + 2M_3 = 0$$

解得

$$M_2 = \frac{1}{7}qa^2, \quad M_3 = -\frac{1}{14}qa^2$$

确定支点弯矩 M_2、M_3 后,再求出各支点处的支反力(见图 2-25(c)),即可画出该连续梁的剪切力图和弯矩图,如图 2-25(d)、图 2-25(e)所示。

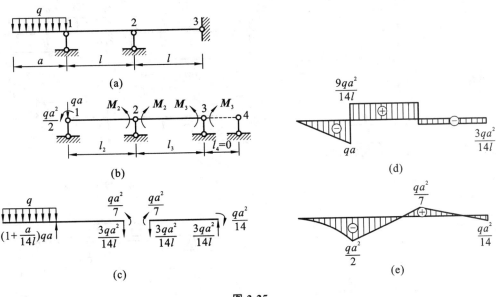

(a)

(b)

(c)

(d)

(e)

图 2-25

习   题

1. 试判断图 2-26 中各结构的超静定次数。

2. 利用变形比较法求图 2-27 所示的超静定梁的支反力,并画出梁的弯矩图。设 EI 为常数。

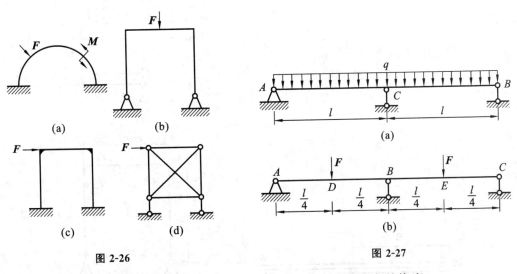

(a)

(b)

(c)

(d)

图 2-26

(a)

(b)

图 2-27

3. 利用变形比较法求解图 2-28 所示的超静定梁,并计算 C 点的挠度。

4. 利用变形比较法求解图 2-29 所示的各超静定梁的约束反力。

5. 求图 2-30 所示的梁的支反力,并画出弯矩图。

6. 试求图 2-31 中的杆 CD 的轴力。设梁 ABC 的抗弯刚度为 EI,杆 CD 的抗拉刚度为 EA。

7. 如图 2-32 所示,悬臂梁 AB 由短梁 CD 加固,两梁的抗弯刚度 EI 相同,试求两梁接触处的压力 F_C,并计算加固前与加固后 B 点的挠度之比。

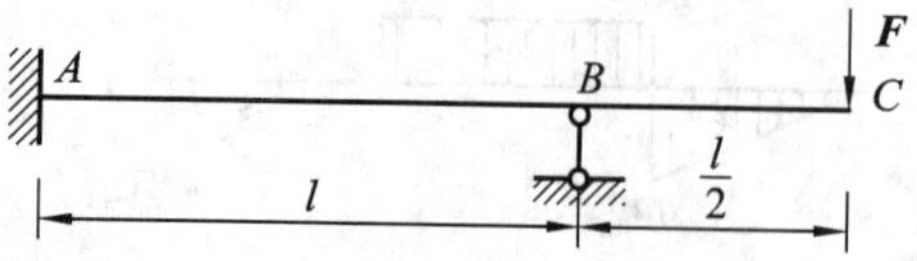

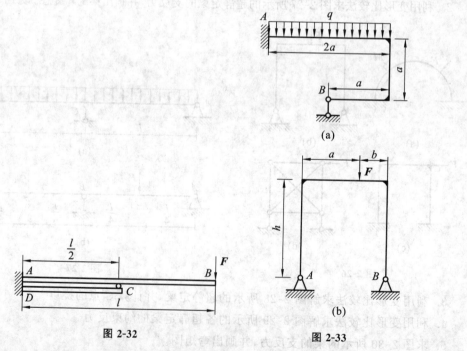

图 2-28

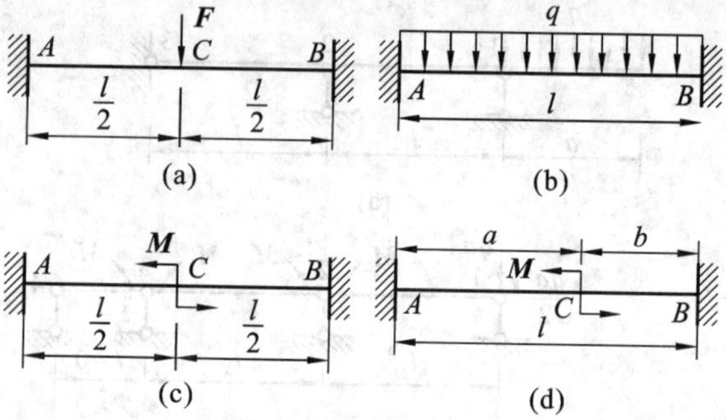

图 2-29

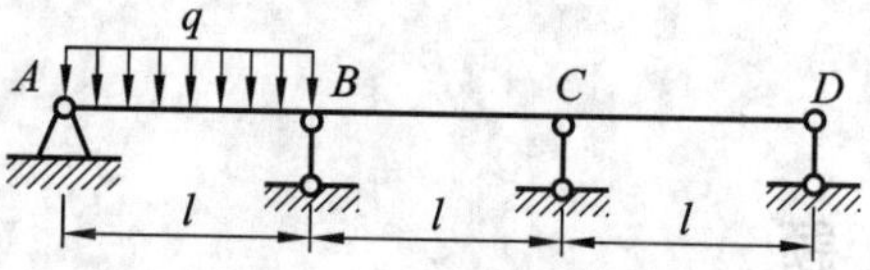

图 2-30

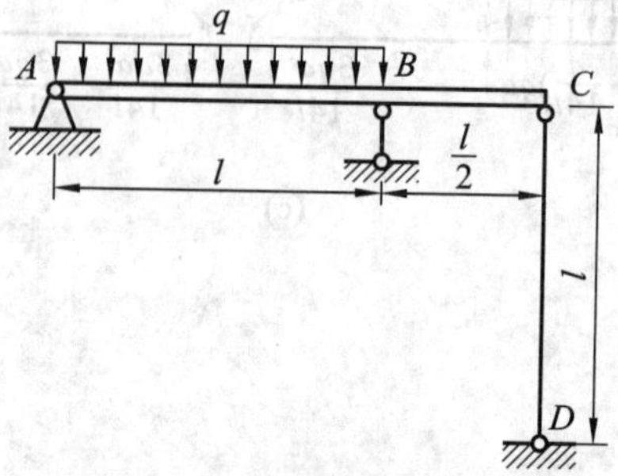

图 2-31

8. 试利用力法正则方程求解图 2-33 所示的超静定刚架。设 EI 为常数,不计轴力的影响。

图 2-32

图 2-33

9. 试利用力法正则方程求解图 2-34 所示的超静定刚架。设 EI 为常数,不计轴力的影响。

10. 图 2-35 所示的刚架的抗弯刚度为 EI,刚架受铅垂方向的载荷 F 的作用,试问当 b 为何值时,支座 B 的支反力最小?

11. 试画出图 2-36 所示的刚架的弯矩图。设 EI 为常数。

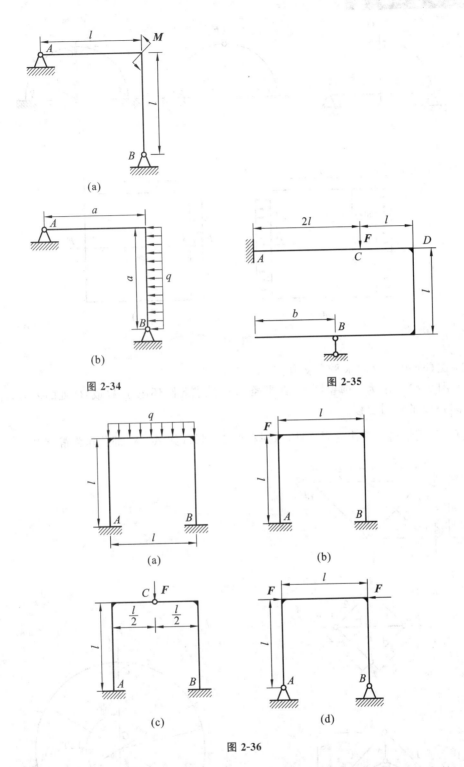

图 2-34

图 2-35

图 2-36

12. 图 2-37 所示均为小曲率半圆形曲杆，试求各曲杆的支反力。设 EI 为常数。

13. 试画出图 2-38 所示的刚架的弯矩图，并求出 A、B 两点间的相对位移。设 EI 为常数。

14. 图 2-39 所示的桁架各杆的抗拉（压）刚度 EA 相同，试求：

（1）图（a）中 C 处的铅垂支反力；

（2）图（b）中各杆的轴力；

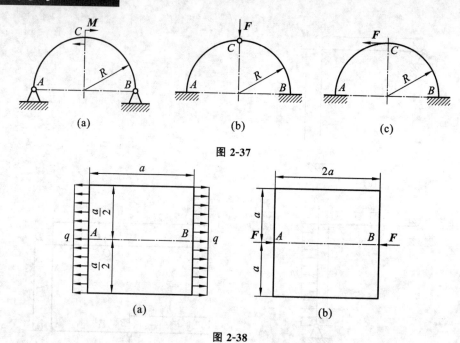

图 2-37

图 2-38

（3）图（c）中 A 处的水平支反力。

15. 图 2-40 所示为一薄壁圆环，其半径为 R，试求此圆环截面 A（或 B）处的内力，并计算 C 点与圆心 O 的相对位移。

提示：利用结构和载荷的对称性，取对称的 $\frac{1}{3}$ 圆弧（如 ACB）部分作为静定基。

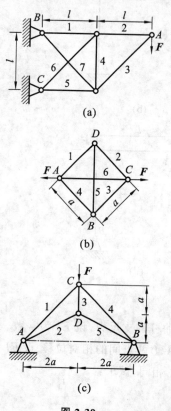

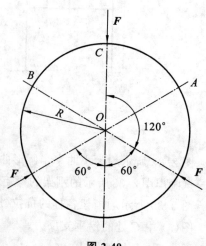

图 2-39

图 2-40

16. 如图 2-41 所示,刚架水平放置,A、E 端为固定端,在杆 BD 的中点 C 处作用有铅垂载荷 F。设 EI、GI_p 均为已知,试求解此静定刚架。

17. 利用三弯矩方程求解图 2-42 所示的连续梁,并画出剪切力图和弯矩图。

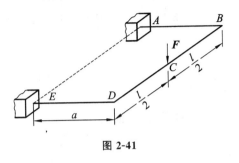

图 2-41

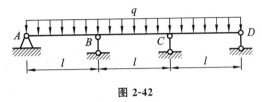

图 2-42

第3章

平面曲杆

3.1 工程中的实例

在某些机械及结构中,我们常会遇到这样的杆件:在无载荷作用时,杆件截面形心的连线(轴线)是平面曲线。这种杆件称为平面曲杆。例如吊钩、铆钉机架、连杆大头盖(见图3-1)、活塞环、建筑物的肋拱及铁链中的链环等都是工程中常见的平面曲杆。

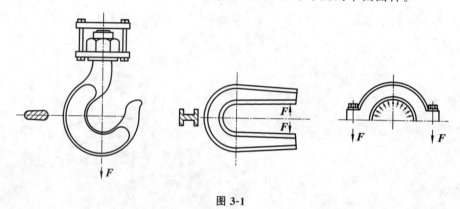

图 3-1

对本章所研究的平面曲杆还需作以下两条限制:

(1)平面曲杆的横截面(垂直于轴线的截面)具有一条对称轴,并且该对称轴与平面曲杆的轴线在同一平面内;

(2)载荷作用在上述平面内。

上述平面称为纵向对称面。显然,在这两条限制下,平面曲杆受载荷作用后,其轴线仍然是在该纵向对称面内的曲线,即平面曲杆的弯曲变形发生在该纵向对称平面内。这种弯曲称为平面曲杆的平面弯曲。

当曲杆的曲率半径远大于截面高度时,可近似地用直杆弯曲理论进行计算,其误差是工程上允许的。但对于曲率半径较小的大曲率曲杆,弯曲正应力与直杆大不一样,此时必须按曲杆的正应力公式来计算,这是本章所要讨论的内容。

3.2 曲杆纯弯曲时的正应力

与直梁弯曲问题类似,对于曲杆弯曲问题,也作如下假设:变形前为平面的横截面,变形后仍保持为平面;材料服从胡克定律。我们知道,直梁在这样的假设下发生弯曲变形时,其中性轴一般通过截面形心。但对于曲杆,由于变形前曲杆已经存在曲率,因此其中性轴一般不通过截面形心。下面将综合考虑几何、物理及静力平衡三方面的关系,求解曲杆纯弯曲时其横截面上的正应力。

1. 变形几何关系

在曲杆弯曲变形前,用两个相邻截面1—1和2—2从曲杆上截取一微段。设这两个相邻截面的夹角为 $\mathrm{d}\varphi$,如图3-2所示。根据平面假设可知,曲杆弯曲变形后,截面2—2相对于截面1—1绕中性轴转动了一个微小角度 $\delta(\mathrm{d}\varphi)$。以横截面外法线为 x 轴,横截面的对称轴为 y

轴，中性轴（位置待定）为 z 轴，并设中性层的曲率半径为 r。曲杆弯曲变形前，距中性层为 y 的纵向纤维 A_1A_2 的长度为

$$A_1A_2 = (r + y)\mathrm{d}\varphi = \rho\mathrm{d}\varphi$$

式中，ρ 为纵向纤维 A_1A_2 的曲率半径，且 $\rho = r + y$。曲杆变形后，纵向纤维 A_1A_2 的伸长为

$$A_2B_2 = y\delta(\mathrm{d}\varphi)$$

于是纵向纤维 A_1A_2 的纵向线应变为

$$\varepsilon = \frac{A_2B_2}{A_1A_2} = \frac{y}{\rho}\frac{\delta(\mathrm{d}\varphi)'}{\mathrm{d}\varphi} \tag{a}$$

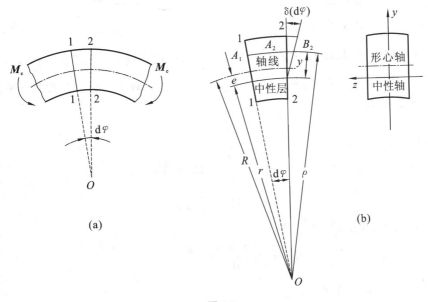

(a) (b)

图 3-2

2. 应力应变关系

由胡克定律 $\sigma = E\varepsilon$ 可得

$$\sigma = E\frac{y}{\rho}\frac{\delta(\mathrm{d}\varphi)}{\mathrm{d}\varphi} \tag{3-1}$$

或写为

$$\sigma = E\frac{y}{r+y}\frac{\delta(\mathrm{d}\varphi)}{\mathrm{d}\varphi} \tag{b}$$

由于对于任一横截面上的不同点来说，$E\dfrac{\delta(\mathrm{d}\varphi)}{\mathrm{d}\varphi}$ 及中性层的曲率半径 r 都为常数，因此各点的正应力 σ 只与坐标 y 有关。式（b）表明：正应力 σ 沿截面高度按双曲线规律变化（见图 3-3）。

由于曲杆两相邻径向截面间各纵向纤维的原长度不同，远离曲率中心一侧的纤维较长，靠近曲率中心一侧的纤维较短，因此尽管仍应用平面假设，但其应力和应变沿截面高度的变化规律不可能与直杆的相同（直杆是线性规律），而是按双曲线规律分布于截面上。

3. 静力平衡关系

现在再用静力平衡关系求出式（3-1）中的 $\dfrac{\delta(\mathrm{d}\varphi)}{\mathrm{d}\varphi}$ 和中性层的曲率半径 r。

由图 3-4 可知，曲杆横截面上的微内力 $\sigma\mathrm{d}A$ 组成垂直于横截面的空间平行力系，它可以简化成三个内力分量，即轴力 $\boldsymbol{F}_\mathrm{N}$、力偶矩 $\boldsymbol{M}_y$ 和 $\boldsymbol{M}_z$，它们可用下式表示

63

$$F_{\mathrm{N}} = \int_A \sigma \mathrm{d}A, \quad M_y = \int_A z\sigma \mathrm{d}A, \quad M_z = \int_A y\sigma \mathrm{d}A$$

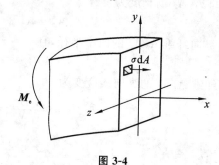

图 3-3   图 3-4

由于图 3-4 中的横截面上的内力应与外力平衡,因此可列出三个平衡方程。由 $\sum F_x = 0$ 和 $\sum M_y = 0$ 可得 $F_{\mathrm{N}} = 0$, $M_y = 0$;再由 $\sum M_z = 0$ 可得 $M_z = M_{\mathrm{e}}$。M_z 即为横截面上的弯矩 M。于是可以得出

$$F_{\mathrm{N}} = \int_A \sigma \mathrm{d}A = 0 \tag{c}$$

$$M_y = \int_A z\sigma \mathrm{d}A = 0 \tag{d}$$

$$M = M_z = \int_A y\sigma \mathrm{d}A \tag{e}$$

将式(3-1)代入式(c)中,可得

$$F_{\mathrm{N}} = E \frac{\delta(\mathrm{d}\varphi)}{\mathrm{d}\varphi} \int_A \frac{y}{\rho} \mathrm{d}A = 0$$

由于 $E \dfrac{\delta(\mathrm{d}\varphi)}{\mathrm{d}\varphi}$ 不等于零,故有

$$\int_A \frac{y}{\rho} \mathrm{d}A = 0 \tag{f}$$

将 $\dfrac{y}{\rho} = \dfrac{\rho - r}{\rho} = 1 - \dfrac{r}{\rho}$ 代入式(f)中,可得

$$\int_A \frac{y}{\rho} \mathrm{d}A = \int_A \left(1 - \frac{r}{\rho}\right) \mathrm{d}A = \int_A \mathrm{d}A - r \int_A \frac{\mathrm{d}A}{\rho} = 0$$

由此解得

$$r = \frac{\displaystyle\int_A \mathrm{d}A}{\displaystyle\int_A \frac{\mathrm{d}A}{\rho}} = \frac{A}{\displaystyle\int_A \frac{\mathrm{d}A}{\rho}} \tag{3-2}$$

式(3-2)即为中性层曲率半径 r 的计算公式。由于没有得出横截面对中性轴的静矩为零的结论,因此中性轴不通过截面形心(与直梁不同)。由图 3-3 可以看出,横截面上靠近曲率中心一侧的应力增加得较快,由此可知中性轴从截面形心处向曲杆的曲率中心移动。设 R_0 为轴线的曲率半径,e 为截面形心到中性轴的距离,由图 3-2 可得

$$e = R_0 - r \tag{3-3}$$

将式(3-1)代入式(d)中,可得

$$M_y = E \frac{\delta(\mathrm{d}\varphi)}{\mathrm{d}\varphi} \int_A \frac{yz}{\rho} \mathrm{d}A = 0$$

由于 y 轴是横截面的对称轴,因此有 $\displaystyle\int_A \frac{yz}{\rho} \mathrm{d}A = 0$,故式(d)成立。

将式(3-1)代入式(e)中，可得

$$M = \int_A y\sigma \mathrm{d}A = E\frac{\delta(\mathrm{d}\varphi)}{\mathrm{d}\varphi}\int_A \frac{y^2}{\rho}\mathrm{d}A \tag{g}$$

由于 $\rho = r + y$，因此上式中的积分可写成

$$\int_A \frac{y^2}{\rho}\mathrm{d}A = \int_A \frac{(\rho-r)y}{\rho}\mathrm{d}A = \int_A y\mathrm{d}A - r\int_A \frac{y}{\rho}\mathrm{d}A$$

由式(f)可知，上式等号右边的第二个积分等于零，而第一个积分是整个横截面对中性轴的静矩 S，于是有

$$\int_A \frac{y^2}{\rho}\mathrm{d}A = \int_A y\mathrm{d}A = Ae = S \tag{h}$$

将式(h)代入式(g)中，可得

$$M = E\frac{\delta(\mathrm{d}\varphi)}{\mathrm{d}\varphi}S$$

或写成

$$\frac{\delta(\mathrm{d}\varphi)}{\mathrm{d}\varphi} = \frac{M}{ES}$$

将上式代入式(3-1)中，可得

$$\sigma = \frac{My}{S\rho} \tag{3-4}$$

式中：y 为横截面上某一点到中性轴的距离；ρ 为该点到曲率中心的距离；S 为整个横截面对中性轴的静矩；M 为横截面上的弯矩，其符号规定为使曲杆的曲率增加为正。

工程上按照曲杆截面形心到截面内侧边缘的距离 C 与曲杆轴线的曲率半径 R_0 的比值，将曲杆分为大曲率曲杆和小曲率曲杆。通常规定：当 $\frac{R_0}{C} \leqslant 10$ 时，属于大曲率曲杆，此时弯曲正应力应按照式(3-4)计算，如吊钩、链环等零件；当 $\frac{R_0}{C} > 10$ 时，属于小曲率曲杆，此时弯曲正应力接近于直线分布，中性轴通过截面形心，可近似按照直梁的弯曲正应力公式进行计算，如桥梁或房屋机构中的拱。下面将曲杆与直梁的应变、应力变化规律及中性轴位置等进行比较，并列于表3-1中。

表3-1 曲杆与直梁的比较

项　　目	依　　据	结　　果 曲　　杆	直　　梁
ε 变化规律	平面假设	$\varepsilon = \frac{y}{r+y}\frac{\delta(\mathrm{d}\varphi)}{\mathrm{d}\varphi}$	$\varepsilon = \frac{y}{\rho}$
σ 变化规律	胡克定律	$\sigma = E\frac{y}{r+y}\frac{\delta(\mathrm{d}\varphi)}{\mathrm{d}\varphi}$	$\sigma = E\frac{y}{\rho}$
中性轴位置	$F_N = \int_A \sigma \mathrm{d}A = 0$	不通过截面形心，偏于曲杆内侧	通过截面形心
弯曲正应力公式	$M_z = \int_A y\sigma \mathrm{d}A = M$	$\sigma = \frac{My}{S\rho}$	$\sigma = \frac{My}{I_z}$

3.3 常用截面中性层曲率半径 r 的确定

计算曲杆的弯曲正应力时,首先需要确定曲杆中性层的曲率半径 r,主要是计算式(3-2)中的积分 $\int_A \dfrac{\mathrm{d}A}{\rho}$。下面对几种常见的截面形状进行分析计算。

(一)矩形截面

当曲杆的横截面为矩形时,如图 3-5 所示,取图中阴影部分为微面积,则有

$$\mathrm{d}A = b\mathrm{d}\rho$$

将上式代入式(3-2)中,可得

$$r = \frac{A}{\displaystyle\int_A \frac{\mathrm{d}A}{\rho}} = \frac{bh}{b\displaystyle\int_{R_2}^{R_1} \frac{\mathrm{d}\rho}{\rho}} = \frac{h}{\ln\dfrac{R_1}{R_2}} \tag{3-5}$$

(二)梯形截面与三角形截面

当曲杆的横截面为梯形时,由图 3-6 可得

$$b_\rho = b_1 + (b_2 - b_1)\frac{R_1 - \rho}{R_1 - R_2}$$

$$\mathrm{d}A = b_\rho \mathrm{d}\rho$$

$$\int_A \frac{\mathrm{d}A}{\rho} = \int_{R_2}^{R_1} \left[b_1 + (b_2 - b_1)\frac{R_1 - \rho}{R_1 - R_2} \right]\frac{\mathrm{d}\rho}{\rho}$$

$$= \left[b_1 + (b_2 - b_1)\frac{R_1}{R_1 - R_2} \right]\ln\frac{R_1}{R_2} - (b_2 - b_1)$$

$$= \frac{b_2 R_1 - b_1 R_2}{h}\ln\frac{R_1}{R_2} - (b_2 - b_1)$$

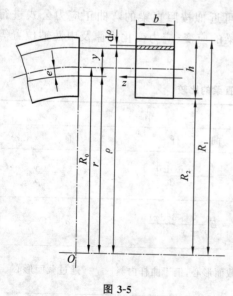

图 3-5

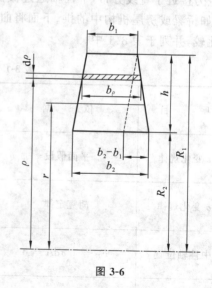

图 3-6

将上式代入式(3-2)中,可得中性层的曲率半径为

$$r = \dfrac{A}{\displaystyle\int_A \dfrac{\mathrm{d}A}{\rho}} = \dfrac{\dfrac{1}{2}(b_1 + b_2)h}{\dfrac{b_2 R_1 - b_1 R_2}{h}\ln\dfrac{R_1}{R_2} - (b_2 - b_1)} \qquad (3\text{-}6)$$

在上式中,令 $b_1 = 0$, $b_2 = b$,可得曲杆的横截面为三角形(见图 3-7)时,中性层的曲率半径为

$$r = \dfrac{h}{2\left(\dfrac{R_1}{h}\ln\dfrac{R_1}{R_2} - 1\right)} \qquad (3\text{-}7)$$

（三）圆形截面

当曲杆的横截面为圆形(见图 3-8)时,若以 φ 角作为变量,则有

$$b_\rho = d\cos\varphi$$

$$\rho = R_0 + \dfrac{d}{2}\sin\varphi$$

$$\mathrm{d}\rho = \dfrac{d}{2}\cos\varphi\,\mathrm{d}\varphi$$

$$\mathrm{d}A = b_\rho\,\mathrm{d}\rho = \dfrac{d^2}{2}\cos^2\varphi\,\mathrm{d}\varphi$$

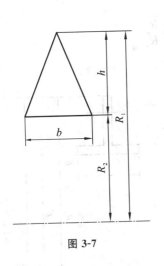

图 3-7

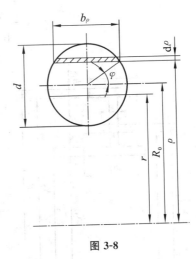

图 3-8

由此可得

$$\int_A \dfrac{\mathrm{d}A}{\rho} = \int_{-\frac{\pi}{2}}^{\frac{\pi}{2}} \dfrac{\dfrac{d^2}{2}\cos^2\varphi\,\mathrm{d}\varphi}{R_0 + \dfrac{d}{2}\sin\varphi} = \int_{-\frac{\pi}{2}}^{\frac{\pi}{2}} \dfrac{d^2\cos^2\varphi\,\mathrm{d}\varphi}{2R_0 + d\sin\varphi}$$

$$= \pi\left(2R_0 - \sqrt{4R_0{}^2 - d^2}\right)$$

将上式代入式(3-2)中,可得

$$r = \dfrac{A}{\displaystyle\int_A \dfrac{\mathrm{d}A}{\rho}} = \dfrac{\dfrac{1}{4}\pi d^2}{\pi\left(2R_0 - \sqrt{4R_0{}^2 - d^2}\right)} = \dfrac{d^2}{4\left(2R_0 - \sqrt{4R_0{}^2 - d^2}\right)} \qquad (3\text{-}8)$$

（四）组合截面

当曲杆的横截面由 $A_1, A_2, \cdots$ 部分组成时，式(3-2)中的 A 和 $\int_A \dfrac{\mathrm{d}A}{\rho}$ 可写成

$$A = \sum_{i=1}^{n} A_i$$

$$\int_A \frac{\mathrm{d}A}{\rho} = \int_{A_1} \frac{\mathrm{d}A}{\rho} + \int_{A_2} \frac{\mathrm{d}A}{\rho} + \cdots = \sum_{i=1}^{n} \int_{A_i} \frac{\mathrm{d}A}{\rho}$$

于是式(3-2)可写成

$$r = \frac{\displaystyle\sum_{i=1}^{n} A_i}{\displaystyle\sum_{i=1}^{n} \int_{A_i} \frac{\mathrm{d}A}{\rho}} \qquad\qquad (3\text{-}9)$$

例如，将工字形截面（见图3-9）看作是三个矩形的组合截面，则由式(3-9)和式(3-5)可得

$$r = \frac{\displaystyle\sum_{i=1}^{3} A_i}{\displaystyle\sum_{i=1}^{3} \int_{A_i} \frac{\mathrm{d}A}{\rho}} = \frac{b_1 h_1 + b_2 h_2 + b_3 h_3}{b_1 \ln \dfrac{R_1}{R_2} + b_2 \ln \dfrac{R_2}{R_3} + b_3 \ln \dfrac{R_3}{R_4}}$$

又如，图3-10所示的T字形截面可看作是由两个矩形组成的截面，于是有

$$r = \frac{b_2 h_2 + b_3 h_3}{b_2 \ln \dfrac{R_2}{R_3} + b_3 \ln \dfrac{R_3}{R_4}}$$

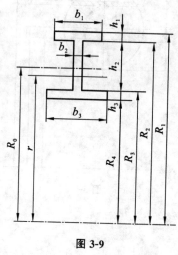

图 3-9

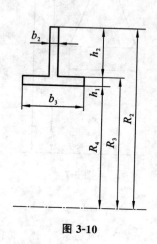

图 3-10

（五）r 的近似计算方法

有些曲杆的横截面形状较为复杂，积分 $\int_A \dfrac{\mathrm{d}A}{\rho}$ 难以求出时，可以采用近似方法来计算 r。对于图3-11所示的截面形状，我们可将其划分成若干个平行于中性轴的狭长条，各狭长条的面积分别为 $\Delta A_1, \Delta A_2, \cdots, \Delta A_i, \cdots$，各狭长条的形心到曲杆的曲率中心的距离分别为 ρ_1，$\rho_2, \cdots, \rho_i, \cdots$。这些面积和距离可以从图中按比例直接量出，于是积分 $\int_A \dfrac{\mathrm{d}A}{\rho}$ 可近似地用总和

$\sum \dfrac{\Delta A_i}{\rho_i}$ 来代替,则式(3-2)可写成

$$r = \frac{\sum \Delta A_i}{\sum \dfrac{\Delta A_i}{\rho_i}} \tag{3-10}$$

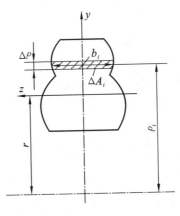

图 3-11

当然,这些狭长条划分得越细,所得结果就越准确。

上面讨论了几种常用截面中性层曲率半径 r 的计算方法。求出 r 后,代入式(3-3)中求出截面形心到中性轴的距离 e,就可以计算出截面对中性轴的静矩 S,即

$$S = Ae = A(R_0 - r)$$

求出 S 后,便可由式(3-4)计算出曲杆的弯曲正应力。

例 3-1　　如图 3-6 所示,曲杆的横截面为梯形,其尺寸为 $b_1 = 40 \text{ mm}, b_2 = 60 \text{ mm}$, $h = 140 \text{ mm}, R_1 = 260 \text{ mm}, R_2 = 120 \text{ mm}$。试计算曲杆中性层的曲率半径 r 及横截面对中性轴的静矩 S。若横截面上的弯矩 $M = -18.53 \text{ kN} \cdot \text{m}$,试求横截面上的最大拉应力和最大压应力。

解　　横截面的面积为

$$A = \frac{1}{2}(b_1 + b_2)h = \frac{1}{2} \times (40 + 60) \times 140 \text{ mm}^2 = 7\,000 \text{ mm}^2$$

截面形心到内侧边缘的距离为

$$C = \frac{b_1 h \cdot \dfrac{h}{2} + \dfrac{1}{2}(b_2 - b_1)h \cdot \dfrac{h}{3}}{A}$$

$$= \frac{40 \times 140 \times \dfrac{140}{2} + \dfrac{1}{2}(60 - 40) \times 140 \times \dfrac{140}{3}}{7\,000} \text{ mm} = 65.3 \text{ mm}$$

曲杆轴线的曲率半径为

$$R_0 = R_2 + C = (120 + 65.3) \text{ mm} = 185.3 \text{ mm}$$

曲杆中性层的曲率半径为

$$r = \frac{\dfrac{1}{2}(b_1 + b_2)h}{\dfrac{b_2 R_1 - b_1 R_2}{h}\ln\dfrac{R_1}{R_2} - (b_2 - b_1)}$$

$$= \frac{\frac{1}{2} \times (40 + 60) \times 140}{\frac{60 \times 260 - 40 \times 120}{140} \ln \frac{260}{120} - (60 - 40)} \text{ mm}$$

$$= \frac{7\ 000}{39.65} \text{ mm} = 176.5 \text{ mm}$$

截面形心到中性轴的距离为

$$e = R_0 - r = (185.3 - 176.5) \text{ mm} = 8.8 \text{ mm}$$

横截面对中性轴的静矩为

$$S = Ae = 7\ 000 \times 8.8 \text{ mm}^3 = 61\ 600 \text{ mm}^3$$

由于弯矩为负值,因此最大拉应力发生在截面上离曲率中心最近的内侧边缘处,最大拉应力为

$$\sigma_l = \frac{M(R_2 - r)}{SR_2} = \frac{-18.53 \times 10^3 \times (120 - 176.5) \times 10^{-3}}{61\ 600 \times 10^{-9} \times 120 \times 10^{-3}} \text{ Pa}$$

$$= 141.6 \times 10^6 \text{ Pa} = 141.6 \text{ MPa}$$

最大压应力发生在截面上离曲率中心最远的外侧边缘处,最大压应力为

$$\sigma_y = \frac{M(R_1 - r)}{SR_1} = \frac{-18.53 \times 10^3 \times (260 - 176.5) \times 10^{-3}}{61\ 600 \times 10^{-9} \times 260 \times 10^{-3}} \text{ Pa}$$

$$= -96.6 \times 10^6 \text{ Pa} = -96.6 \text{ MPa}$$

从以上计算可以看出,R_0 与 r 相差很小,因此对 r 的计算要力求精确,否则将难以保证 $S = Ae = A(R_0 - r)$ 的准确,就会引起较大的误差。

3.4 曲杆的强度计算

当图 3-12(a) 所示的曲杆的纵向对称面内作用有载荷时,其横截面上将会产生内力,这些内力包括弯矩、轴力及剪切力。用一平面将曲杆截开,取右半部分来研究,如图 3-12(b) 所示,将截面 m—m 上的内力和曲杆右半部分上的外力分别向截面 m—m 的法线方向和切线方向投影,再对截面 m—m 的形心取矩,由平衡条件可得

$$F_N = -F \sin\varphi$$

$$F_Q = F \cos\varphi$$

$$M = FR \sin\varphi$$

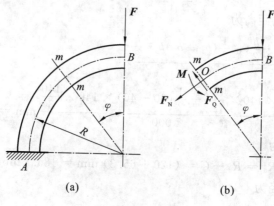

(a)   (b)

图 3-12

内力的符号规定如下:轴力 F_N 以引起所研究的一段曲杆拉伸变形为正,反之为负;弯矩

M 以使轴线的曲率增加为正,反之为负;剪切力 F_Q 对所研究的一段曲杆内的任意一点取矩,若力矩为顺时针方向,则 F_Q 为正,反之为负。

由弯矩 M 引起的正应力沿横截面高度按双曲线规律分布,用式(3-4)计算;轴力 F_N 引起的正应力在横截面上均匀分布。两者叠加即可得到横截面上的正应力。通常弯曲正应力要比轴向拉(压)应力大,因此应取 $|M|_{max}$ 所在的横截面为危险截面来对曲杆进行强度计算。若材料的许用拉、压应力分别为 $[\sigma_1]$ 和 $[\sigma_y]$,则曲杆的正应力强度条件为

$$\begin{cases} \sigma_{1\,max} \leqslant [\sigma_1] \\ |\sigma_y|_{max} \leqslant [\sigma_y] \end{cases}$$

一般来说,由剪切力 F_Q 引起的剪应力很小,可以不予考虑。

例 3-2 如图 3-13 所示,起重机吊钩上的载荷 $P = 100$ kN,截面 $m—n$ 的尺寸为 $b_1 = 40$ mm,$b_2 = 60$ mm,$h = 140$ mm,$R_1 = 260$ mm,$R_2 = 120$ mm。材料的许用应力$[\sigma] = 160$ MPa,试校核吊钩的强度。

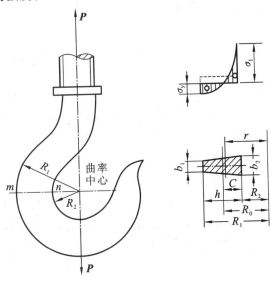

图 3-13

解 应用例 3-1 求得的几何性质分析截面 $m—n$ 上的内力。显而易见,在截面 $m—n$ 上弯矩及轴力皆为最大值,即

$$M = -PR_0 = -100 \times 185.3 \times 10^{-3} \text{ kN} \cdot \text{m} = -18.53 \text{ kN} \cdot \text{m}$$

$$F_N = P = 100 \text{ kN}$$

与弯矩 M 对应的弯曲正应力在例 3-1 中已计算出。将弯曲正应力与均匀分布的正应力 $\dfrac{F_N}{A}$ 进行叠加,可得截面内侧边缘处的最大拉应力为

$$\sigma_1 = \frac{M(R_2 - r)}{SR_2} + \frac{F_N}{A} = \left(141.6 + \frac{100 \times 10^{-3}}{7\,000 \times 10^{-6}}\right) \text{ MPa} = 155.9 \text{ MPa}$$

截面外侧边缘处的最大压应力为

$$\sigma_y = \frac{M(R_1 - r)}{SR_1} + \frac{F_N}{A} = \left(-96.6 + \frac{100 \times 10^{-3}}{7\,000 \times 10^{-6}}\right) \text{ MPa} = -82.3 \text{ MPa}$$

最大拉、压应力均低于许用应力,故吊钩满足强度要求。

习 题

1. 图 3-14 所示为一压力机机架,其半径 $R_0 = 80$ mm,横截面为矩形。已知压力机的最大压力 $F = 8$ kN,试计算压力机机架的最大应力。

2. 如图 3-15 所示,矩形截面曲杆受纯弯曲作用,弯矩 $M = 600$ N·m,曲杆最外层和最内层纤维的曲率半径分别为 $R_1 = 70$ mm,$R_2 = 30$ mm,截面宽度 $b = 20$ mm,试计算曲杆最内层和最外层纤维的应力,并与按直梁公式计算的结果进行比较。

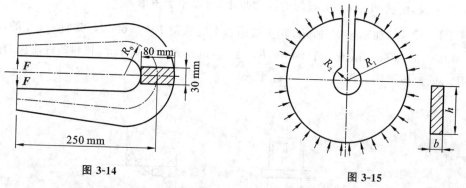

图 3-14   图 3-15

3. 作用于开口圆环外周上的均布压力 $p = 4$ MPa,圆环的尺寸为 $R_1 = 40$ mm,$R_2 = 10$ mm,$b = 5$mm,试求圆环的最大正应力。

4. 图 3-16 所示为一钢制小钩,已知 $d = 10$ mm,$t = 5$ mm,$b = 25$ mm,材料的弹性极限为 350 MPa。试问载荷 F 为多大时,小钩开始出现塑性变形?

5. 如图 3-17 所示,截面为梯形的吊钩的起吊重量 $P = 100$ kN,吊钩的尺寸为 $R_1 = 200$ mm,$R_2 = 80$ mm,$b_1 = 30$ mm,$b_2 = 80$ mm,试计算危险截面 AB 上的最大拉应力。

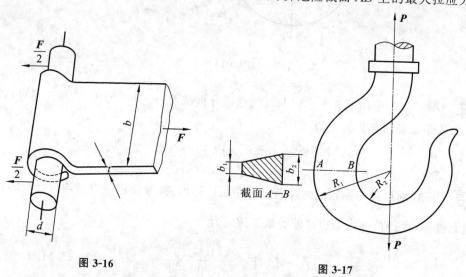

图 3-16   图 3-17

6. 如图 3-18 所示,圆环的内径 $D_2 = 120$ mm,圆环的截面为直径 $d = 80$ mm 的圆形,压力 $F = 20$ kN,求 A、B 两点的应力。

7. 图 3-19 所示为 T 形截面的曲杆。已知 $F = 450$ N,$l = 700$ mm,$R = 200$ mm,试画出截面 AB 上的应力分布图。

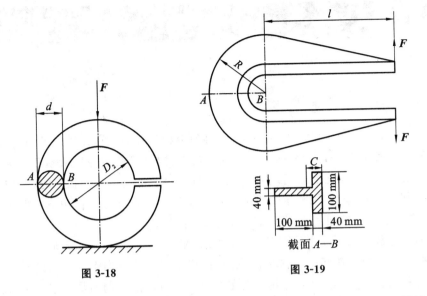

图 3-18

图 3-19

8. 如图 3-20 所示,曲杆的横截面为空心正方形,外边边长 $a = 25$ mm,里边边长 $b = 15$ mm,最内层纤维的曲率半径 $R = 12.5$ mm,弯矩为 M;另一直杆的横截面形状与上述曲杆的相同,弯矩相等。试求曲杆和直杆的最大应力之比。

9. 如图 3-21 所示,钢制链环的横截面为圆形,屈服点 $\sigma_s = 250$ MPa,试求使链环开始出现塑性变形的载荷 F。

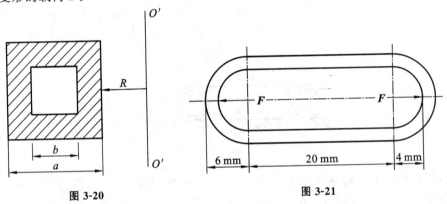

图 3-20

图 3-21

4.1　概　　述

前面三章所研究的问题都是静载荷问题,即研究构件在静载荷作用下的应力,变形及强度、刚度条件,从而确定构件的截面尺寸并选择构件材料。静载荷是指从零开始缓慢地增加到最终值,然后便不再变化的载荷。构件在静载荷作用下是处于平衡状态的,即构件处于静止或匀速直线运动状态。如果整个构件或构件的某些部分在外力的作用下速度明显地随时间变化,即产生了较大的加速度,此时就成为动载荷问题了。

动载荷与静载荷的不同之处在于:当构件受动载荷作用时,构件上各质点会产生明显的加速度。例如,起重机急速起吊重物时,如图 4-1 所示,重物有一向上的加速度 a,此时吊索除了受重物的重力作用外,还受重物各质点在加速运动时所产生的与加速度 a 的方向相反的惯性力作用。又如,由于旋转圆环上各质点都有加速度,因此圆环受动载荷力的作用。工程中内燃机的连杆、高速旋转的飞轮、锻压气锤的锤杆等都受不同形式的动载荷作用。

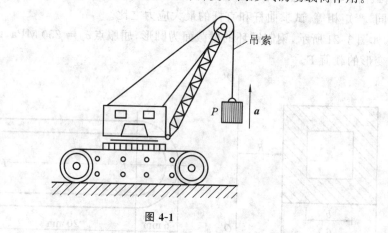

吊索

P　a

图 4-1

动载荷在构件上引起的应力称为动应力。实验表明,动应力不超过比例极限时,在静载荷作用下服从胡克定律的材料,在动载荷作用下也服从胡克定律,并且弹性模量不变。

本章主要研究构件作匀加速直线运动、匀速转动、振动和受冲击时的动应力问题。

4.2　构件作匀加速直线运动或匀速转动时的应力计算

构件作匀加速直线运动或匀速转动时,其各质点都有加速度,必然会产生相应的惯性力。只要在构件上虚加上惯性力,就可以按动静法将动载荷问题转化为静载荷问题来处理。

一、构件作匀加速直线运动时的应力计算

如图 4-2 所示,起重机吊索以匀加速度 a 提升重量为 P 的重物。已知吊索的横截面面积为 A,材料密度为 ρ。现计算距下端为 x 的吊索横截面 I—I 处的动应力。

用截面法沿截面 I—I 将吊索截开,取截面以下部分为研究对象,如图 4-2(a)所示。该部分受横截面上的轴向静内力 F_{Nj}、吊索重力 $\rho g A x$ 及重物重力 P 的作用而处于平衡,于是有

$$F_{Nj} = P + \rho g A x$$

当重物以加速度 a 上升时(见图 4-2(b)),截面以下部分将受横截面上的轴向动内力 F_{Nd}、吊索重力 ρgAx、重物重力 P、重物的惯性力及吊索的惯性力的共同作用,则根据动静法可建立如下平衡方程

$$F_{Nd} - P - \rho gAx - \frac{P}{g}a - \rho Axa = 0$$

解得

$$F_{Nd} = (P + \rho gAx)\left(1 + \frac{a}{g}\right) = F_{Nj}\left(1 + \frac{a}{g}\right)$$

进而求得动应力为

$$\sigma_d = \frac{F_{Nd}}{A} = \frac{F_{Nj}}{A}\left(1 + \frac{a}{g}\right) = \sigma_j\left(1 + \frac{a}{g}\right)$$

上式中的 F_{Nj} 和 σ_j 分别是将重物和长度为 x 的一段吊索的重力看作是静载荷时截面 I—I 上的轴力和静应力。令

$$K_d = 1 + \frac{a}{g}$$

于是有

$$F_{Nd} = K_d F_{Nj}, \quad \sigma_d = K_d \sigma_j \tag{4-1}$$

式中,K_d 称为动荷系数,它表示动载荷作用下的内力和应力为静载荷作用下的内力和应力的倍数。

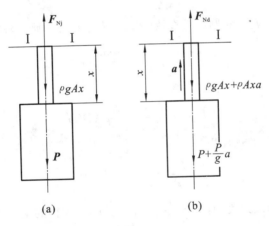

图 4-2

显然,吊索的轴力和应力都是 x 的一次函数,危险截面应为吊索最上端。若吊索长度为 l,则有

$$\sigma_{dmax} = K_d \sigma_{jmax} = K_d \frac{F_{Njmax}}{A} = K_d \frac{P + \rho gAl}{A}$$

吊索的强度条件为

$$\sigma_{dmax} = K_d \sigma_{jmax} \leqslant [\sigma] \tag{4-2}$$

即

$$\sigma_{jmax} \leqslant \frac{[\sigma]}{K_d} \tag{4-3}$$

由此可见,在求出动荷系数 K_d 后,即可按式(4-3)与静载荷问题一样进行强度校核了。

二、构件作匀速转动时的应力计算

如图 4-3 所示,圆环以匀角速度 ω 绕过圆心且垂直于圆环平面的轴旋转。已知圆环的平均直径为 D,圆环横截面面积为 A,材料密度为 ρ。当 $D \gg t$ 时,可近似认为圆环内各点的法向加速度 $\boldsymbol{a}_n$ 的大小相等,且 $a_n = \dfrac{D}{2}\omega^2$。沿圆环轴线均匀分布的惯性力集度 q_d 为

$$q_d = \rho A a_n = \rho A \frac{D}{2}\omega^2$$

方向与 $\boldsymbol{a}_n$ 的方向相反,即背离圆心,如图 4-3 所示。

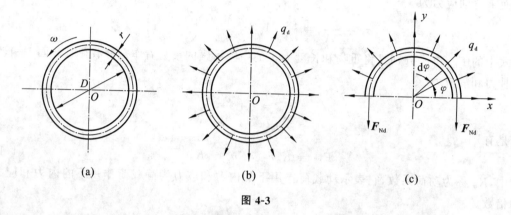

图 4-3

现在求圆环的环向应力。将圆环沿直径切开,取上半部分为研究对象。由 $\sum F_y = 0$ 可得

$$-2F_{Nd} + \int_0^\pi q_d \sin\varphi \frac{D}{2}\mathrm{d}\varphi = 0$$

解得

$$F_{Nd} = \frac{q_d D}{2} = \frac{1}{4}\rho A D^2 \omega^2 \tag{4-4}$$

由此可得,圆环横截面上的动应力为

$$\sigma_d = \frac{F_{Nd}}{A} = \frac{1}{4}\rho D^2 \omega^2 = \rho v^2 \tag{4-5}$$

式中,v 为圆环内各点的线速度,且 $v = \dfrac{1}{2}D\omega$。按式(4-5)求得的动应力应满足的强度条件为

$$\sigma_d = \rho v^2 \leqslant [\sigma] \tag{4-6}$$

式(4-6)表明:圆环的动应力与材料密度 ρ 和各质点的线速度 v 有关,而与圆环的横截面面积 A 无关。因此要提高旋转圆环的强度,靠增加横截面面积 A 的方法是不行的,应该采用轻质材料(密度 ρ 小)或限制圆环的转速。保证圆环安全转动的角速度为

$$\omega \leqslant \frac{2}{D}\sqrt{\frac{[\sigma]}{\rho}}$$

相应地,对圆环线速度 v 的限制是

$$v \leqslant \sqrt{\frac{[\sigma]}{\rho}}$$

上式表明:圆环线速度 v 只取决于材料密度 ρ 和许用应力 $[\sigma]$,而与圆环直径 D 和横截面面积 A 无关。

例 4-1 如图 4-4 所示,汽轮机叶轮以 $n = 3\,000$ r/min 的转速匀速转动,叶轮的平均半径 $R = 630$ mm,叶片的长度 $l = 130$ mm,材料单位体积重力 $\gamma = 78.5 \times 10^3$ N/m³。假

设叶片为等截面,$E = 200 \text{ GPa}$,试求由离心力引起的正应力沿长度分布的规律、叶片根部的最大离心拉应力及叶片的总伸长。

解 叶片距主轴中心线 x 处的向心加速度为

$$a_n = x\omega^2$$

式中,$\omega = \dfrac{\pi n}{30}$。

在叶片距主轴中心线 x 处取微段 $\mathrm{d}x$,作用在此微段上的惯性力为

$$\mathrm{d}Q_\mathrm{d} = \frac{\gamma A \,\mathrm{d}x}{g} x\omega^2$$

于是沿杆长的惯性力集度为

$$q_\mathrm{d} = \frac{\mathrm{d}Q_\mathrm{d}}{\mathrm{d}x} = \frac{\gamma A}{g} x\omega^2 \quad (R \leqslant x \leqslant R+l)$$

上式表明惯性力集度 q_d 沿杆长作梯形分布,如图 4-4(c) 所示。

在叶片距主轴中心线 x 处将叶片切开,取上半部分为研究对象,如图 4-4(b) 所示,则作用在该部分上的惯性力总和为

$$Q_\mathrm{d} = \int_x^{R+l} q_\mathrm{d}\,\mathrm{d}x = \frac{\gamma A \omega^2}{2g} [(R+l)^2 - x^2]$$

设叶片距主轴中心线 x 处的截面上的轴力为 $\mathbf{N}_\mathrm{d}$,由 $\sum F_x = 0$ 可得

$$N_\mathrm{d} = Q_\mathrm{d} = \frac{\gamma A \omega^2}{2g} [(R+l)^2 - x^2]$$

上式表明轴力 $\mathbf{N}_\mathrm{d}$ 沿叶片长度按抛物线规律分布。当然,由离心力引起的正应力也沿长度按抛物线规律分布。当 $x = R+l$,即在叶片外端处,$N_\mathrm{d} = 0$;当 $x = R$,即在叶片根部处,N_d 为最大值,且

$$N_{\mathrm{dmax}} = \frac{\gamma A \omega^2}{2g} [(R+l)^2 - R^2]$$

图 4-4(d) 所示为叶片轴力分布图。

叶片根部的最大动应力为

$$\begin{aligned}
\sigma_{\mathrm{dmax}} &= \frac{N_{\mathrm{dmax}}}{A} = \frac{\gamma \omega^2}{2g} [(R+l)^2 - R^2] \\
&= \frac{78.5 \times 10^3 \times \pi^2 \times 3\,000^2}{2 \times 9.81 \times 30^2} \times [(630+130)^2 - 630^2] \times 10^{-6} \text{ Pa} \\
&= 71.4 \text{ MPa}
\end{aligned}$$

要求叶片的总伸长 Δl,首先根据胡克定律求出微段 $\mathrm{d}x$ 的伸长 $\mathrm{d}(\Delta l)$,即

$$\mathrm{d}(\Delta l) = \frac{N_\mathrm{d} \,\mathrm{d}x}{EA}$$

然后对上式进行积分,即可求出叶片的总伸长,即

$$\begin{aligned}
\Delta l &= \int_R^{R+l} \frac{N_\mathrm{d}}{EA}\,\mathrm{d}x = \frac{\gamma \omega^2}{2gE} \int_R^{R+l} [(R+l)^2 - x^2]\,\mathrm{d}x \\
&= \frac{\gamma \omega^2 l^2}{2gE} \left(R + \frac{2}{3}l\right)
\end{aligned}$$

代入数据可得

$$\Delta l = \frac{78.5 \times 10^3 \times \pi^2 \times 3\,000^2 \times 130^2 \times \left(630 + \dfrac{2}{3} \times 130\right) \times 10^{-9}}{2 \times 9.81 \times 200 \times 10^9 \times 30^2} \text{ m}$$

$$= 0.239 \times 10^{-4} \text{ m}$$

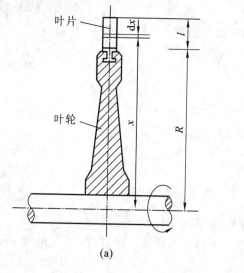
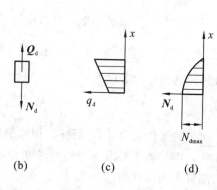

图 4-4

例 4-2　如图 4-5 所示,长度为 $l = 12$ m 的 32a 工字钢,用横截面面积为 $A = 108$ mm^2 的钢索起吊,并以等加速度 $a = 10$ m/s^2 上升,试求吊索的动应力以及工字钢危险点处的动应力。

解　将集度为 $q_d = A\gamma a/g$ 的惯性力和工字钢自身的重量 q_{st} 加在工字钢上,然后采用动静法来求解,如图 4-5(b) 所示。其中 $A\gamma$ 直接用 32a 工字钢每单位长度的重量 q_{st} 代替。查型钢表可得

$$q_{st} = 52.7 \times 9.8 \text{ N/m} = 516.5 \text{ N/m}$$

于是工字钢所受的总均布力集度为

$$q = q_{st} + q_d = q_{st} + q_{st}\frac{a}{g}$$

$$= 516.5 \times \left(1 + \frac{10}{9.8}\right) \text{ N/m} = 1\,044 \text{ N/m}$$

由于工字钢是对称的,因此两钢索的拉力 N_d 相等,故有

$$\sum F_y = 0$$

即

$$2N_d - ql = 0$$

解得

$$N_d = \frac{ql}{2} = \frac{1\,044 \times 12}{2} \text{ N} = 6\,264 \text{ N}$$

吊索的动应力为

$$\sigma_d = \frac{N_d}{A} = \frac{6\,264}{108 \times 10^{-6}} \text{ Pa} = 58 \text{ MPa}$$

由工字钢的弯矩图(见图 4-5(c))可知,M_{dmax} 在工字钢的中点处,其值为

$$M_{dmax} = (6\,264 \times 4 - 1\,044 \times 6 \times 3) \text{ N} \cdot \text{m} = 6\,264 \text{ N} \cdot \text{m}$$

查型钢表可得 32a 工字钢的截面系数 $W_z = 70.8$ cm^3,于是有

$$\sigma_{dmax} = \frac{M_{dmax}}{W_z} = \frac{6\,264}{70.8 \times 10^{-6}} \text{ Pa} = 88.5 \text{ MPa}$$

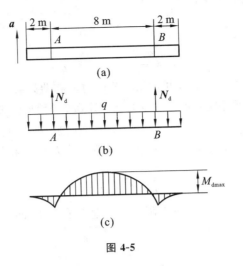

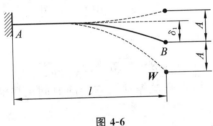

图 4-5

4.3 构件在强迫振动时的应力计算

这里只研究构件作单自由度振动时的应力计算。图 4-6 所示为一悬臂梁,其端点作用有载荷 W,则悬臂梁产生静变形 δ_j 及静应力 σ_j。若悬臂梁受外力影响而使其平衡状态被破坏,则悬臂梁将绕其平衡位置振动,如图 4-6 中的虚线所示。忽略悬臂梁的质量,也可认为悬臂梁的质量用相当质量代替加在载荷 W 上,则悬臂梁的振动就是单自由度振动。此时悬臂梁的变形 δ_d 大于 δ_j,最大变形为最大静变形与振幅 A 之和,即

$$\delta_d = \delta_j + A \tag{4-7}$$

图 4-6

此时悬臂梁各截面的应力也随之增加。若悬臂梁振动时仍满足胡克定律,即应力与应变成正比,则静应力与动应力满足以下关系

$$\frac{\sigma_d}{\sigma_j} = \frac{\delta_d}{\delta_j}$$

即

$$\sigma_d = \sigma_j \frac{\delta_d}{\delta_j} \tag{4-8}$$

将式(4-7)代入式(4-8)中,可得

$$\sigma_d = \sigma_j \frac{\delta_j + A}{\delta_j} = \sigma_j \left(1 + \frac{A}{\delta_j}\right) \tag{4-9}$$

令

$$1 + \frac{A}{\delta_j} = K_d \tag{4-10}$$

其中 K_d 为振动的动荷系数。于是式(4-9)可写成

$$\sigma_d = K_d \sigma_j \tag{4-11}$$

上式表明:各截面的振动应力等于该截面的静应力乘以动荷系数。最大动应力为

$$\sigma_{dmax} = K_d \sigma_{jmax}$$

由此可得,振动时的强度条件为

$$\sigma_{dmax} = K_d \sigma_{jmax} \leqslant [\sigma] \tag{4-12}$$

可见,振动时的动应力 σ_d 的计算可归结为静应力 σ_j 和动荷系数 K_d 的计算,动荷系数 K_d 取决于静变形 δ_j 和振幅 A,而静应力 σ_j 和静变形 δ_j 的计算在前面均已研究过,因此振动时的应力计算的关键是振幅 A 的计算。下面讨论单自由度系统在强迫振动时振幅 A 和动荷系数 K_d 的计算。

图 4-7 所示为一质量弹簧系统。设弹簧的刚性系数为 k,重物的质量为 m。简谐激振力 Q 在 x 轴上的投影为

$$Q_x = H\sin\omega t$$

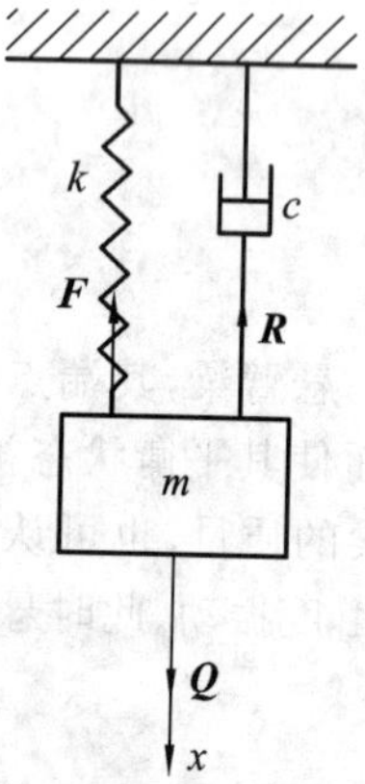

黏性阻尼力与速度成正比,即

$$R_x = -cv = -c\frac{\mathrm{d}x}{\mathrm{d}t}$$

弹性恢复力为

$$F_x = -kx$$

于是可建立质点运动微分方程,即

$$m\frac{\mathrm{d}^2 x}{\mathrm{d}t^2} = -kx - c\frac{\mathrm{d}x}{\mathrm{d}t} + H\sin\omega t$$

将上式等号两边同除以 m,并令 $\omega_n^2 = \dfrac{k}{m}, 2n = \dfrac{c}{m}, h = \dfrac{H}{m}$,整理后可得

图 4-7

$$\frac{\mathrm{d}^2 x}{\mathrm{d}t^2} + 2n\frac{\mathrm{d}x}{\mathrm{d}t} + \omega_n^2 x = h\sin\omega t \tag{4-13}$$

该微分方程的解为

$$x = A\sin(\omega t + \beta_0) + Be^{-nt}\sin\left(\sqrt{\omega_n^2 - n^2}\, t + \alpha_0\right)$$

式中第二项为有阻尼自由振动(即衰减振动),它会随时间很快消失;第一项为强迫振动,其振幅为

$$A = \frac{h}{\omega_n^2}\frac{1}{\sqrt{\left[1 - \left(\dfrac{\omega}{\omega_n}\right)^2\right]^2 + 4\left(\dfrac{n}{\omega_n}\right)^2\left(\dfrac{\omega}{\omega_n}\right)^2}} \tag{4-14}$$

其中

$$\frac{h}{\omega_n^2} = \frac{H/m}{k/m} = \frac{H}{k} = \delta_H, \quad \omega_n^2 = \frac{k}{m} = \frac{k}{mg}g = \frac{g}{mg/k} = \frac{g}{\delta_j}$$

式中,δ_H 表示在 Q_x 的最大值 H 的作用下弹性系统的静位移。

另设

$$\beta = \frac{1}{\sqrt{\left[1 - \left(\dfrac{\omega}{\omega_n}\right)^2\right]^2 + 4\left(\dfrac{n}{\omega_n}\right)^2\left(\dfrac{\omega}{\omega_n}\right)^2}} \tag{4-15}$$

其中 β 称为增长系数,则式(4-14)可写为

$$A = \beta\delta_H$$

将式(4-15)代入式(4-10)中,可得

$$K_d = 1 + \frac{A}{\delta_j} = 1 + \beta\frac{\delta_H}{\delta_j} \tag{4-16}$$

由式(4-16)可以看出,K_d 与 β 有关;而由式(4-15)可以看出,β 与 ω/ω_n 以及 n 有关。因

此,在不同的激振力频率 ω 下可以得出不同的 K_d。图4-8表示 β 与 ω 以及 n 的关系,由图可以看出:

(1) 在 n/ω_n 很小的情况下,当 ω/ω_n 接近于1时,β 的数值将变得非常大,这就是共振,此时将引起极大的应力增长,但随着 n 的增加,共振现象逐渐变得不显著;

(2) 当 ω/ω_n 远小于1时,β 趋近于1,此时阻尼对 β 的影响很小,强迫振动的振幅 A 就是将干扰力最大值 H 当作静载荷时的静位移 δ_H,所以这种情况下强迫振动的影响可以忽略不计,只要将干扰力最大值 H 当作静载荷来计算即可;

(3) 当 ω/ω_n 远大于1时,β 趋近于零,构件可看作不受干扰力影响,而只受静载荷作用($K_d \approx 1$)。若干扰频率 ω 已给定,欲使 ω/ω_n 增大,则应减小固有频率 ω_n,以使构件受干扰力影响可以忽略。

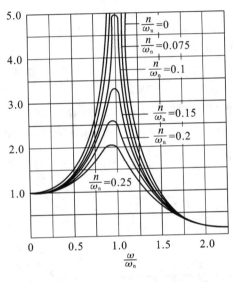

图 4-8

例 4-3 如图4-9所示,电动机装在悬臂梁的端部,其重力 $P = 1\ \text{kN}$,转速 $n = 900\ \text{r/min}$,悬臂梁为25a槽钢,$E = 200\ \text{GPa}$,由于电动机转子不平衡而引起的离心惯性力 $H = 200\ \text{N}$。设阻尼系数 $\eta = 0$,不计悬臂梁的质量,试求:

(1) 悬臂梁跨度 l 为多大时将发生共振?

(2) 欲使悬臂梁的固有频率 ω_n 为干扰频率 ω 的1.3倍,则跨度 l 应为多大?计算此时强迫振动的振幅 A 及梁内最大正应力。

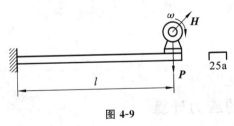

图 4-9

解 干扰频率为

$$\omega = \frac{\pi n}{30} = \frac{900\pi}{30}\ \text{rad/s} = 30\pi\ \text{rad/s}$$

（1）共振时应有

$$\omega_n = \omega = 30\pi \ \text{rad/s}$$

由于 $\omega_n^2 = \dfrac{k}{m} = \dfrac{g}{\delta_j}$，因此可得

$$\delta_j = \frac{g}{\omega_n^2} = \frac{9.81}{(30\pi)^2}\ \text{m} = 1.1 \times 10^{-3}\ \text{m}$$

悬臂梁自由端受集中力 **P** 作用时的挠度为

$$\delta_j = \frac{Pl^3}{3EI}$$

故有

$$l = \sqrt[3]{\frac{3EI\delta_j}{P}}$$

查型钢表可得 25a 槽钢的 $I = 175.529\ \text{cm}^4 \approx 1.76 \times 10^{-6}\ \text{m}^4$，$W = 30.607\ \text{cm}^3 \approx 30.6 \times 10^{-6}\ \text{m}^3$，代入上式中可得，悬臂梁共振时的挠度为

$$l = \sqrt[3]{\frac{3 \times 200 \times 10^9 \times 1.76 \times 10^{-6} \times 1.1 \times 10^{-3}}{1\ 000}}\ \text{m} = 1.05\ \text{m}$$

（2）悬臂梁的固有频率为干扰频率的 1.3 倍时，有

$$\omega_n = 1.3\omega = 1.3 \times 30\pi \ \text{rad/s} = 39\pi \ \text{rad/s}$$

$$\delta_j = \frac{g}{\omega_n^2} = \frac{9.81}{(39\pi)^2}\ \text{m} = 6.54 \times 10^{-4}\ \text{m}$$

此时悬臂梁的挠度为

$$l = \sqrt[3]{\frac{3 \times 200 \times 10^9 \times 1.76 \times 10^{-6} \times 6.54 \times 10^{-4}}{1\ 000}}\ \text{m} = 0.884\ \text{m}$$

无阻尼时放大系数 β 为

$$\beta = \frac{1}{1 - \left(\dfrac{\omega}{\omega_n}\right)^2} = \frac{1}{1 - \left(\dfrac{1}{1.3}\right)^2} = 2.45$$

静位移 δ_H 为

$$\delta_H = \frac{Hl^3}{3EI} = \frac{200 \times 0.884^3}{3 \times 200 \times 10^9 \times 1.76 \times 10^{-6}}\ \text{m} = 1.31 \times 10^{-4}\ \text{m}$$

振幅 A 为

$$A = \beta\delta_H = 2.45 \times 1.31 \times 10^{-4}\ \text{m} = 3.21 \times 10^{-4}\ \text{m}$$

动荷系数 K_d 为

$$K_d = 1 + \frac{A}{\delta_j} = 1 + \frac{3.21 \times 10^{-4}}{6.54 \times 10^{-4}} = 1.49$$

最大动应力 σ_{dmax} 为

$$\sigma_{dmax} = K_d\sigma_{jmax} = 1.49 \times \frac{1\ 000 \times 0.884}{30.6 \times 10^{-6}} \times 10^{-6}\ \text{MPa} = 43\ \text{MPa}$$

4.4 冲击时的应力计算

两物体以一定的相对速度发生碰撞时，两物体的运动速度在极短的瞬间发生改变，此时两物体之间会产生很大的相互作用力，这就是冲击，其作用力称为冲击力。打桩、锻锤锻打工件、电动机断路时电动机轴受到的冲击扭矩等都是冲击作用的实例。

冲击是一个十分复杂的过程。冲击力的数值极大，而且随时间变化。两物体开始接触时

冲击力为零,随即冲击力很快增加到最大值,然后又迅速减小至零。冲击过程中,应力和变形从受冲击点到物体的其他部分的传播过程十分复杂,同时还伴随着发光、发热、塑性变形等复杂现象和能量消耗。因此,冲击问题只能近似地分析。为了简化计算,作如下假设。

(1) 冲击物为刚体,只考虑其运动状态的变化,不考虑其变形对冲击作用的影响。

(2) 被冲击物为无质量的弹性体。无质量即是没有惯性,认为被冲击物上各点的应力和变形是与受冲击点的应力和变形同步发生的,而不考虑应力和变形的传播过程。也就是说,冲击作用产生的应力和变形与静载时是一样的。

(3) 为完全非弹性碰撞,两物体一旦接触后便附着在一起,成为一个自由度的运动系统。

(4) 冲击物付出的能量全部转变为被冲击物的弹性变形能,被冲击物的变形在弹性范围内,即服从胡克定律。

冲击时间短促到千分之一秒,甚至万分之一秒,在这样短的时间内运动状态发生变化,必然会产生非常大的加速度,故相互作用力也非常大。一个重量为 10 N 的铁锤以 $v_0 = 6$ m/s 的速度打到铁块上,冲击力的平均值可达其重量的 700 多倍。冲击力往往会造成机械、仪器等的损坏,设计时要考虑到这一点,以保证其制造、安装及使用的安全。但是另一方面,我们又常常利用冲击力的特点来完成某些工作,如锻造、铆接等。

下面利用机械能守恒定律来计算冲击载荷、冲击应力及变形。

图 4-10 所示为冲击的力学模型。重物自由下落而冲击在弹簧(被冲击物的简化模型)上,使弹簧产生最大的压缩变形 Δ_d,由机械能守恒定律可知,冲击物在冲击过程中减少的动能 T 和势能 V 应等于被冲击物在冲击过程中积蓄的变形能 U_d,即

$$T + V = U_d \tag{4-17}$$

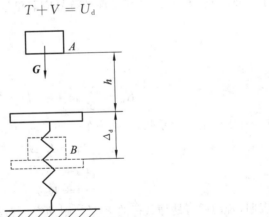

图 4-10

由于冲击物的初速度和下落终止时的末速度都为零,故其动能无变化,即

$$T = 0$$

冲击过程中冲击物减少的势能为

$$V = G(h + \Delta_d)$$

弹簧的变形能 U_d 应等于冲击载荷 P_d 在冲击过程中所做的功,而冲击过程中冲击载荷 P_d 与弹簧的压缩变形 Δ_d 都是由零增至最大值的。在材料服从胡克定律的条件下,P_d 与 Δ_d 呈线性关系,故冲击载荷 P_d 所做的功为

$$U_d = \frac{1}{2} P_d \Delta_d$$

将 T、V、U_d 的表达式代入式(4-17)中,可得

$$G(h + \Delta_d) = \frac{1}{2}P_d\Delta_d \tag{4-18}$$

当重物以静载的方式作用于弹簧上时,弹簧的静变形为 Δ_j,静应力为 σ_j;而弹簧在冲击力 $\boldsymbol{P}_d$ 的作用下的动变形为 Δ_d,动应力为 $\boldsymbol{\sigma}_d$。由于弹簧的变形在线弹性范围内,因此变形和应力都与载荷成正比,即

$$\frac{P_d}{G} = \frac{\Delta_d}{\Delta_j} = \frac{\sigma_d}{\sigma_j}$$

或写为

$$P_d = G\frac{\Delta_d}{\Delta_j} \tag{4-19}$$

$$\sigma_d = \sigma_j\frac{\Delta_d}{\Delta_j} \tag{4-20}$$

将式(4-19)代入式(4-18)中,可得

$$G(h + \Delta_d) = \frac{1}{2}G\frac{\Delta_d^2}{\Delta_j}$$

即

$$\Delta_d^2 - 2\Delta_j\Delta_d - 2h\Delta_j = 0$$

解得

$$\Delta_d = \Delta_j \pm \sqrt{\Delta_j^2 + 2h\Delta_j} = \Delta_j\left(1 \pm \sqrt{1 + \frac{2h}{\Delta_j}}\right)$$

为了求得 Δ_d 的最大值,上式根号前的符号应取正号,即

$$\Delta_d = \Delta_j\left(1 + \sqrt{1 + \frac{2h}{\Delta_j}}\right)$$

令

$$K_d = \frac{\Delta_d}{\Delta_j} = 1 + \sqrt{1 + \frac{2h}{\Delta_j}} \tag{4-21}$$

式中 K_d 称为冲击时的动荷系数,或称为落体冲击动荷系数。这样即可得出以下各式

$$\begin{cases} \Delta_d = K_d\Delta_j \\ P_d = K_dG \\ \sigma_d = K_d\sigma_j \end{cases} \tag{4-22}$$

式(4-22)表明,若动载荷是静载荷的 K_d 倍,则动变形和动应力也分别是静变形和静应力的 K_d 倍。应用式(4-21)求 K_d 时,冲击应力 σ_d 不能超过材料的比例极限,而 Δ_j 应是被冲击物在被冲击点处的静变形。

若令式(4-21)中的 $h = 0$,即相当于重物被直接突加在被冲击物上,此时 $K_d = 2$。由此可见,突加载荷使应力与变形都增加了 1 倍。

虽然实际的冲击过程不可避免存在能量损失,但上述计算结果是偏于安全的。

试验结果表明,材料在冲击载荷作用下的强度比在静载荷作用下的强度略高,但通常仍按静载荷作用下的许用应力来建立强度条件,即最大冲击应力不超过材料在静载荷作用下的许用应力,即

$$\sigma_d \leqslant [\sigma] \tag{4-23}$$

例 4-4 设重量为 G 的钢球自 h 高度处自由下落,打到刚架的 B 端,如图 4-11 所

示。已知刚架各段的抗弯刚度皆为 EI_z，各段的长度均为 a，试求由于钢球的冲击作用，刚架在 A 端产生的铅垂方向的动变形 Δ_{dAy}。

解 该问题属于落体冲击问题，可直接应用式(4-21)求动荷系数，即

$$K_d = 1 + \sqrt{1 + \frac{2h}{\Delta_j}}$$

因此，A 点的动变形为

$$\Delta_{dAy} = K_d \Delta_{jAy}$$

即

$$\Delta_{dAy} = \left(1 + \sqrt{1 + \frac{2h}{\Delta_j}}\right)\Delta_{jAy} \tag{4-24}$$

必须指出的是，上式中有两个静变形 Δ_j 和 Δ_{jAy}，两者是不同的。动荷系数 K_d 中的静变形 Δ_j 是被冲击物在被冲击点处（即 B 点）沿冲击方向（铅垂方向）的静变形，而 Δ_{jAy} 则是被冲击物在所求动变形处（即 A 点）沿所求动变形方向的静变形。静变形 Δ_j 和 Δ_{jAy} 一般是不同点处不同方向上的静变形，但它们又必须是同一个静载荷作用在被冲击点处产生的静变形。

现利用图形互乘法求静变形 Δ_j 和 Δ_{jAy}。将图 4-11(b)所示的弯矩图与图 4-11(c)所示的弯矩图相乘，可得

$$\Delta_j = \frac{4Ga^3}{3EI_z}$$

再将图 4-11(b)所示的弯矩图与图 4-11(d)所示的弯矩图相乘，可得

$$\Delta_{jAy} = \frac{Ga^3}{EI_z}$$

将上述两个静变形的表达式代入式(4-24)中，可得

$$\Delta_{dAy} = \left(1 + \sqrt{1 + \frac{3EI_z h}{2Ga^3}}\right)\frac{Ga^3}{EI_z}$$

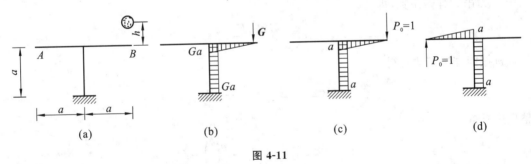

图 4-11

例 4-5 如图 4-12 所示，悬挂在钢吊索下端的重量为 $G = 25 \text{ kN}$ 的重物以 $v = 1$ m/s 的速度匀速下降。若重物下降到吊索长度 $l = 20 \text{ m}$ 时，滑轮突然被卡住，试求此时吊索受到的冲击载荷 P_d。已知吊索的横截面面积 $A = 414 \text{ mm}^2$，弹性模量 $E = 170 \text{ GPa}$，滑轮和吊索的重量忽略不计。

解 由于滑轮突然被卡住，因此重物的速度从 v 突变为零，吊索受到冲击作用。现在求动荷系数 K_d。

因为冲击开始时，重物的速度为 v，冲击结束时的瞬间，重物的速度为零，所以重物在这一过程中减少的动能为

$$T = T_1 - T_2 = \frac{G}{2g}v^2$$

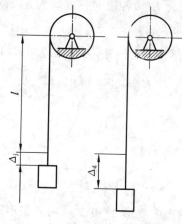

图 4-12

当重物匀速下降到吊索长度为 l 时,吊索的静伸长为

$$\Delta_j = \frac{Gl}{EA}$$

当吊索受到冲击载荷 $\boldsymbol{P}_d$ 作用时,其动伸长为

$$\Delta_d = \frac{P_d l}{EA}$$

冲击过程中重物减少的势能为

$$V = G(\Delta_d - \Delta_j)$$

吊索在冲击过程中所积蓄的变形能为

$$U_d = \frac{1}{2}c(\Delta_d^2 - \Delta_j^2)$$

式中,c 为吊索弹簧系数,即

$$c = \frac{G}{\Delta_j} = \frac{EA}{l}$$

根据机械能守恒定律可得

$$\frac{Gv^2}{2g} + G(\Delta_d - \Delta_j) = \frac{1}{2}\frac{G}{\Delta_j}(\Delta_d^2 - \Delta_j^2)$$

整理后可得

$$\Delta_d^2 - 2\Delta_j\Delta_d + \Delta_j^2\left(1 - \frac{v^2}{g\Delta_j}\right) = 0$$

解得此方程有两个根,取两个根中较大的一个,故有

$$\Delta_d = \Delta_j\left(1 + \sqrt{\frac{v^2}{g\Delta_j}}\right)$$

于是可求得吊索在这一冲击过程中的动荷系数为

$$K_d = \frac{\Delta_d}{\Delta_j} = 1 + \sqrt{\frac{v^2}{g\Delta_j}} = 1 + v\sqrt{\frac{EA}{gGl}}$$

代入数据可得

$$K_d = 1 + 1 \times \sqrt{\frac{170 \times 10^9 \times 414 \times 10^{-6}}{9.81 \times 25 \times 10^3 \times 20}} = 4.79$$

吊索受到的冲击载荷为

$$P_d = K_d G = 4.79 \times 25 \ \text{kN} = 119.8 \ \text{kN}$$

吊索内的冲击应力为

$$\sigma_d = \frac{P_d}{A} = \frac{119.8 \times 10^3}{414 \times 10^{-6}} \ \text{Pa} = 289.4 \ \text{MPa}$$

上述计算结果说明,滑轮突然被卡住时,吊索受到的冲击载荷约为其静载荷的 4.8 倍。为了避免冲击力,常在吊索与重物之间加缓冲弹簧,用以增大静变形 Δ_j,从而减小动荷系数 K_d,也就减小了冲击载荷和冲击应力。

例 4-6 如图 4-13 所示,转轴 AB 的 A 端与一质量很大的飞轮连接,飞轮以匀角速度 $\omega = 10 \ \text{rad/s}$ 转动,求当转轴 AB 的 B 端突然被卡住时转轴 AB 内产生的最大切应力 τ_{dmax}。设飞轮的转动惯量 $I_x = 0.5 \ \text{kN} \cdot \text{m} \cdot \text{s}^2$,转轴 AB 的长度 $l = 1 \ \text{m}$,直径 $d = 0.4 \ \text{m}$,切变弹性模量 $G = 80 \ \text{GPa}$,转轴 AB 的质量可以忽略不计。

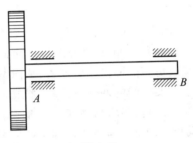

图 4-13

解 当转轴 AB 的 B 端突然被卡住时,飞轮给转轴 AB 以冲击作用,此时飞轮的角速度从 ω 降为零,飞轮的动能全部转变为转轴 AB 的弹性变形能,即

$$T = U_d$$

飞轮的动能为

$$T = \frac{1}{2} I_x \omega^2$$

转轴 AB 的扭转弹性变形能为

$$U_d = \frac{T_d^2 l}{2 G I_p}$$

于是有

$$\frac{1}{2} I_x \omega^2 = \frac{T_d^2 l}{2 G I_p}$$

由此可得冲击扭矩为

$$T_d = \sqrt{\frac{G I_x I_p \omega^2}{l}}$$

转轴 AB 内的最大冲击切应力为

$$\tau_{\text{dmax}} = \frac{T_d}{W_p} = \frac{\omega}{W_p} \sqrt{\frac{G I_x I_p}{l}}$$

式中,I_p、W_p 分别为转轴 AB 横截面的极惯性矩和抗扭截面模量,且 $I_p = \dfrac{\pi d^4}{32}$,$W_p = \dfrac{\pi d^3}{16}$,代入上式中,可得

$$\tau_{\text{dmax}} = \frac{16\omega}{\pi d^3} \sqrt{\frac{\pi d^4 G I_x}{32 l}} = \omega \sqrt{\frac{8 G I_x}{\pi d^2 l}}$$

由于转轴 AB 的横截面面积 $A = \frac{1}{4}\pi d^2$，代入上式中，可得

$$\tau_{dmax} = \omega\sqrt{\frac{2GI_x}{\frac{\pi d^2}{4}l}} = \omega\sqrt{\frac{2GI_x}{Al}}$$

上式表明：扭转冲击时，转轴 AB 内的最大动应力与其体积有关，体积 Al 越大，则最大动应力 τ_{dmax} 越小。将已知数据代入上式中，可得

$$\tau_{dmax} = 10 \times \sqrt{\frac{8 \times 80 \times 10^9 \times 0.5 \times 10^3}{\pi \times 0.4^2 \times 1}}\ \text{Pa} = 252.3 \times 10^6\ \text{Pa} = 252.3\ \text{MPa}$$

4.5 提高构件抗冲击能力的措施

由式(4-23)所建立的强度条件可以看出，若采取措施来降低最大动应力 σ_{dmax}，就可以提高构件抵抗冲击的能力。

由式(4-21)和例 4-5 中 K_d 的表达式都可以得出以下结论：对于冲击问题，若能增大静位移 Δ_j，就可以降低动荷系数 K_d，也就降低了冲击载荷和冲击应力。这是因为静位移增大，说明构件的刚度小，构件能够吸收更多的冲击物的能量，从而增加了缓冲能力。例如，车辆的车架下都装有缓冲弹簧，以减小车架所受的冲击；有些机器或零件上装有橡皮垫或弹簧垫也是为了起到这个作用。但值得注意的是，在增加静变形 Δ_j 时，应尽可能避免增加静应力 σ_j，否则虽然增加静变形 Δ_j 降低了动荷系数 K_d，但由于增加了静应力 σ_j，而 $\sigma_d = K_d\sigma_j$，因此不一定能降低动应力 σ_d，增加静变形 Δ_j 也就徒劳了。

其次，改变被冲击构件的尺寸也能够降低动应力 σ_d。由例 4-6 可知，最大动应力 τ_{dmax} 与构件的体积 Al 有关，体积 Al 越大，则最大动应力 τ_{dmax} 越小。图 4-14 中的汽缸盖螺栓是被冲击构件，若将图 4-14(a) 所示的短螺栓改成图 4-14(b) 所示的长螺栓，则增加了螺栓的体积，也就提高了螺栓承受冲击的能力。

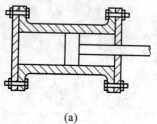 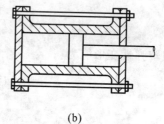

(a)   (b)

图 4-14

对于变截面杆，上述结论是不适用的。例如图 4-15 中的 1、2 两杆，杆 1 为变截面杆，杆 2 为等截面杆。若两杆同样受到重量为 G、速度为 v 的重物的冲击，结果就与上述结论不同。根据机械能守恒定律不难求得两杆的冲击载荷。对于杆 1，有

$$P_{d1} = G\sqrt{\frac{v^2}{g\Delta_{j1}}}$$

对于杆 2，有

$$P_{d2} = G\sqrt{\frac{v^2}{g\Delta_{j2}}}$$

杆 1 和杆 2 的冲击应力分别为

$$\sigma_{dmax1} = \frac{P_{d1}}{A_2} = \frac{G}{A_2}\sqrt{\frac{v^2}{g\Delta_{j1}}}$$

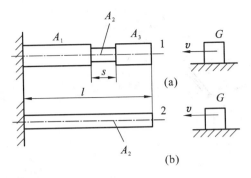

图 4-15

$$\sigma_{\text{dmax2}} = \frac{P_{\text{d2}}}{A_2} = \frac{G}{A_2}\sqrt{\frac{v^2}{g\Delta_{\text{j2}}}}$$

由于杆 1 的静变形 Δ_{j1} 小于杆 2 的静变形 Δ_{j2}，故杆 1 的动应力 σ_{dmax1} 大于杆 2 的动应力 σ_{dmax2}，但是杆 1 的体积显然比杆 2 的体积大，因此上述结论对于变截面杆是不适用的。

另外还可看出，若杆 1 上的削弱部分的长度越短，则静变形 Δ_{j1} 就越小，动应力 σ_{dmax1} 就越大，因此应尽量避免把被冲击杆件设计成变截面杆，若无法避免某些部分被削弱（如螺钉），则应尽量增加被削弱部分的长度。例如将图 4-16(a) 所示的螺栓改成图 4-16(b) 和图 4-16(c) 所示的形状，使螺栓光杆部分的直径与螺纹内径接近相等，这样螺栓就接近于一个等截面杆，静变形增加，而静应力不变，从而降低动应力。

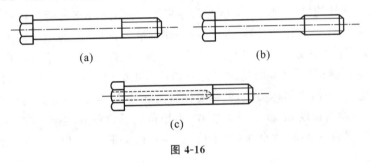

图 4-16

由例 4-5 可以看出，弹性模量 E 越大，则冲击应力 σ_{d} 越大。因此，可以选择弹性模量 E 较小的材料来制作被冲击构件。但是弹性模量 E 较小的材料的许用应力 $[\sigma]$ 也较小，因此采取这种措施时还必须校核该构件是否满足强度条件。

4.6 冲击韧度

冲击韧度是工程上衡量材料抗冲击能力的标准，用 a_{k} 表示，它是由冲击试验确定的。冲断试件所需的能量越大，则试件抗冲击能力越强，冲击韧度 a_{k} 就越大。试验时按国家标准 GB/T 229—2007 将带有切槽的弯曲试件置于冲击试验机的支架上，并使切槽位于受拉一侧，如图 4-17 所示，切槽使试件在受冲击时产生应力集中。当重量为 G 的摆锤从 h_1 高度处自由落下而冲断试件后，摆锤摆到 h_2 高度处。

试件所吸收的能量等于摆锤所做的功 W。W 可通过摆锤减少的势能来求得，即

$$W = G(h_1 - h_2)$$

W 的数值可在试验机的刻度盘上直接读取。

设试件在切槽处的最小横截面面积为 A，用 W 除以 A 可得

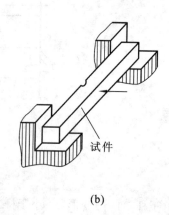

图 4-17

$$a_k = \frac{W}{A} \tag{4-25}$$

a_k 即为冲击韧度,其单位为 J/mm^2。a_k 的大小表示材料抵抗冲击能力的大小。通常,塑性材料的抗冲击能力远高于脆性材料。冲击韧度是材料的性能指标之一,工程上对它的要求有具体规定。

a_k 的数值与试件的尺寸、形状、支承方式等多种因素有关,它是衡量材料抵抗冲击能力的一个相对指标。为了便于比较,测定 a_k 时应采用标准试件。我国通用的标准试件是两端简支的弯曲试件,试件上的切槽有两种形式,如图 4-18(a)、图 4-18(b) 所示。开有半圆形切槽的试件称为 U 形切槽试件。试验时这种试件的切槽区域的应力高度集中,其附近区域内集中吸收了较多的能量。切槽底部越尖锐,就越能体现上述特点。第二种形式的试件为 V 形切槽试件,这种试件的冲击韧度 a_k 就等于能量 W,不用再除以面积 A。由于试件难以避免存在材料的不均匀和切槽的不准确,因此试验时每组试件不得少于四根,以减小所测结果的误差。

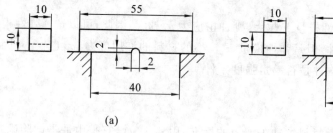
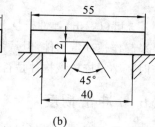

图 4-18

由试验结果可知,冲击韧度 a_k 的值随着温度的降低而减小。图 4-19 中的纵轴表示试件被冲断时所吸收的能量,横轴表示温度,实线表示低碳钢的冲击韧度 a_k 随温度变化的情况。容易看出,随着温度的降低,在某一狭窄的温度区间内,a_k 的数值骤然下降,材料变得很脆,这就是冷脆现象。使冲击韧度 a_k 骤然下降的温度称为转变温度。转变温度是这样确定的:用一组 V 形切槽试件在不同温度下进行试验,冲断后的断面上一部分面积呈晶粒状,为脆性断口;另一部分面积呈纤维状,为塑性断口;当晶粒状断口面积占整个断面面积的百分比随温度的降低而增加到 50% 时,将这个温度规定为转变温度,并称之为 FATT(图 4-19 中的虚线)。

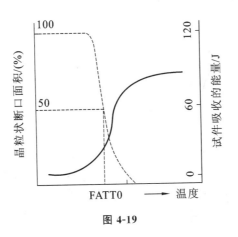

图 4-19

有些金属没有明显的冷脆现象,例如铝、铜及含镍量较高的镍合金。在很大的温度变化范围内,这些金属的冲击韧度 a_k 的数值变化很小。但磷的含量对材料抵抗冲击的性能有极坏的影响,它会使冷脆现象较严重。对于大多数在低温下受冲击的构件,都应特别注意其冷脆性。

习　　题

1. 用两根吊索平行且匀加速地起吊一根 14 号工字钢,如图 4-20 所示。已知加速度 $a = 10 \text{ m/s}^2$,工字钢的长度 $l = 12 \text{ m}$,吊索的横截面面积 $A = 72 \text{ mm}^2$。若只考虑工字钢的重量,而不计吊索的自重,试计算工字钢和吊索的最大动应力。

2. 如图 4-21 所示,一重量为 $Q = 20 \text{ kN}$ 的载荷悬挂在钢绳上,钢绳由 500 根直径 $d = 0.5 \text{ mm}$ 的钢丝所组成,鼓轮以角加速度 $\varepsilon = 10 \text{ rad/s}^2$ 沿逆时针方向旋转。已知 $t = 50 \text{ m}$,$D = 500 \text{ mm}$,$E = 220 \text{ GPa}$,试求钢绳的最大正应力及伸长量。

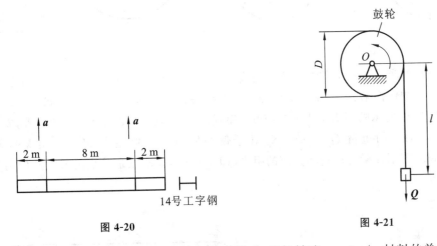

图 4-20

图 4-21

3. 如图 4-22 所示,一铸铁飞轮作等角速度转动。已知转速 $n = 6 \text{ r/s}$,材料的单位体积重 $\gamma = 75 \text{ N/m}^3$,许用应力 $[\sigma] = 45 \text{ MPa}$,飞轮的内、外直径分别为 $d = 3.8 \text{ m}$,$D = 4.2 \text{ m}$,不计飞轮的轮辐影响,试校核飞轮的强度。

4. 如图 4-23 所示,钢轴 AB 的直径为 80 mm,轴上有一直径为 80 mm 的钢质圆杆 CD,且 $CD \perp AB$。若轴 AB 以匀角速度 $\omega = 40 \text{ rad/s}$ 转动,材料的许用应力 $[\sigma] = 70 \text{ MN/m}^2$,密度为 7.8 g/cm^3,试校核轴 AB 及杆 CD 的强度。

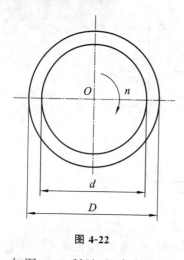

图 4-22

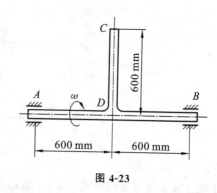

图 4-23

5. 如图 4-24 所示,机车车轮以 $n = 300$ r/min 的转速旋转。已知平行杆 AB 的横截面为矩形,$h = 56$ mm,$b = 28$ mm,$l = 2$ m,$r = 250$ mm,材料密度 $\rho = 7.8$ g/cm³,试确定平行杆 AB 最危险的位置和杆内最大正应力。

6. 如图 4-25 所示,轴上装有一钢质圆盘,圆盘上有一圆孔。若轴与圆盘以 $\omega = 40$ rad/s 的角速度匀速旋转,试求轴内由圆孔引起的最大正应力。

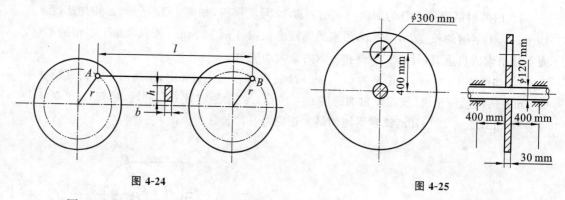

图 4-24

图 4-25

7. 图 4-26 所示的简支梁为 18 号工字钢,$l = 6$ m,$E = 200$ GPa。梁上放有一重量为 2 kN 的重物,且重物作振幅 $B = 12$ mm 的振动,试求梁的最大正应力。梁的重量忽略不计。

8. 图 4-27 所示的简支梁由两根 20b 工字钢组成。已知 $l = 3$ m,$E = 200$ GPa,安装在跨度中点的电动机的重量 $Q = 12$ kN,转子偏心所引起的惯性力 $H = 2.5$ kN,转速为 1 500 r/min。若不计梁的重量和介质的阻力(即 $n = 0$),试求梁危险点的最大动应力和最小动应力。

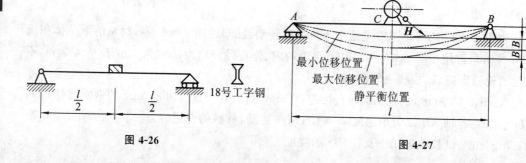

图 4-26

图 4-27

9. 如图 4-28 所示，重量为 $P = 1$ kN 的重物自由下落至悬臂梁上。设梁的长度 $l = 2$ m，弹性模量 $E = 10$ GPa，试求冲击时梁内最大正应力及梁的最大挠度。

10. 如图 4-29 所示，16 号工字钢的左端铰支，右端置于螺旋弹簧上，弹簧共有 10 圈，其平均直径 $D = 100$ mm，簧丝的直径 $d = 20$ mm。已知梁的许用应力 $[\sigma] = 160$ MPa，弹性模量 $E = 200$ GPa，弹簧的许用切应力 $[\tau] = 200$ MPa，切变弹性模量 $G = 80$ GPa。现有重量 $Q = 2$ kN 的重物从梁的跨度中点上方自由下落，试求重物的许可高度 H。

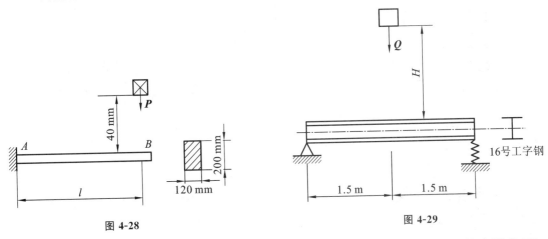

图 4-28　　　　　　　　　　　　图 4-29

11. 如图 4-30 所示，重量为 P 的重物以水平速度 v 撞在直杆上。若直杆的抗弯刚度 EI、抗弯截面模量 W、横截面面积 A 均为已知，试求直杆内最大正应力。

12. 圆轴直径 $d = 60$ mm，长度 $l = 2$ m，其左端固定，右端有一直径 $D = 400$ mm 的鼓轮，鼓轮上绕以钢绳，钢绳的端点 A 处悬挂一吊盘，如图 4-31 所示。已知钢绳的长度 $l_1 = 10$ m，横截面面积 $A = 1.2$ mm^2，弹性模量 $E = 200$ GPa，圆轴的切变弹性模量 $G = 80$ GPa。现有一重量 $Q = 800$ N 的物块自 $h = 200$ mm 高度处落于吊盘上，求圆轴内最大切应力和钢绳内最大正应力。

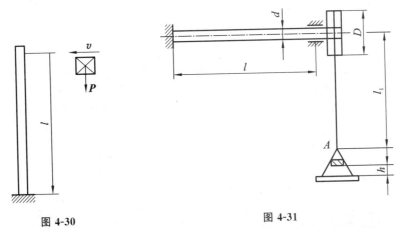

图 4-30　　　　　　　　　　　　图 4-31

13. 如图 4-32 所示，钢杆的下端有一固定圆盘，圆盘上放置一弹簧，弹簧在 1 kN 的静载荷作用下缩短 0.625 mm。已知钢杆的直径 $d = 40$ mm，长度 $l = 4$ m，许用应力 $[\sigma] = 120$ MPa，弹性模量 $E = 200$ GPa。现有一重量为 15 kN 的重物自由下落，求重物的许可高度 H。若没有弹簧，则重物的许可高度 H 为多少？

14. 如图 4-33 所示，板坯加热炉底高出辊道 $h = 0.5$ m，在辊道侧面安装一弹簧挡板，弹

簧系数 $c = 10$ kN/cm。当重量为 $P = 20$ kN 的板坯自加热炉内滑出而冲击在挡板上时，试求作用在挡板上的冲击力。不计因摩擦产生的能量损失。

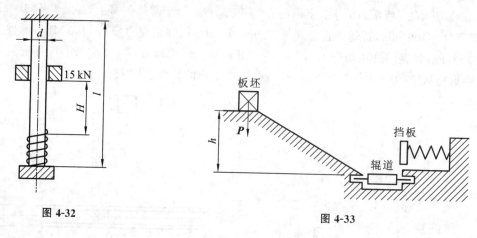

图 4-32

图 4-33

第5章 疲　劳

5.1　引　言

在静载荷作用下,韧性材料在最终破坏之前一般表现出很大的应变与变形。例如静载拉伸时,载荷由零缓慢而均匀地增加到最大值,材料破坏时的伸长率往往达到25%或者更高,其平均应力也远高于材料的屈服应力。但是,如果同样的材料受反复变化的载荷的作用,材料会在小得多的载荷的作用下,即应力水平远低于弹性极限的情况下发生破坏,而且没有明显的塑性变形。因此,这种破坏事先少有迹象,不易发现和防止,呈现出意外发生的特点,且往往会造成严重的后果。

实际工程中,绝大多数结构和构件承受的是变动载荷,一般可分为以下几种:

(1) 载荷变动,如航空器、桥梁、动力机械、建筑物、高架结构等;

(2) 压力波动,如化工容器、压力容器、管道等;

(3) 温度变化,如航天飞行器、热加工设备、燃气轮机等;

(4) 振动,如各种回转运动的机械、车辆、筛选设备等;

(5) 环境条件变化,如海上采油平台、烟囱、深海和高空设备等。

另外,在一些承受静载或准静载的构件上,载荷固然可以认为是没有变动的,但构件内部的应力是反复变化的。例如,机械中大量使用的轴在承受弯曲和扭转作用而旋转时,其截面上的应力随轴的转动而不断变化。

所以,研究并防止材料在变动载荷作用下处于低应力水平时的突然破坏是工程中的重要问题,也是工程实践中大量事故提出的要求。这个问题早在100多年前就已开始引起人们的注意,当时人们对这种现象的本质还不清楚。1839年,巴黎大学教授 J. U. Poncelet 首先使用了"金属疲劳"这个概念,此名称一直沿用至今。后来的研究和开发逐渐揭示了疲劳问题的本质,尤其是20世纪60年代开始迅速发展的断裂力学,对疲劳问题本质的阐释作出了巨大的贡献。简单地说,疲劳问题可以定义为在变动不大的载荷或应力的作用下微小裂纹形成、发展、扩大而最终使构件或材料破坏的过程。所以近代有科学家提出"疲劳"一词应更名为"渐渐地断裂"。

由疲劳引起的事故有很多,而且很严重。例如1954年初,世界上第一架正式投入航线的民航喷气式飞机"彗星"号仅经过300多小时的试飞后在空中断裂失事而坠入海底。根据对残骸所作的认真分析研究和模拟试验发现,该事故是由密封座舱疲劳破坏所致。疲劳微裂纹首先产生于机翼上转角应力集中部位。当然,疲劳破坏不仅限于航空机械。早在1850年到1860年间,对疲劳问题的研究就是由多次发生的火车轴在台肩处断裂的事故所引发的。后来,由于机械的大量使用,一方面,从减小重量和降低成本方面考虑,使机械设计的安全系数减小,应力水平增高;另一方面,机械的工作环境(速度、温度、负荷等)越来越严酷,使得疲劳问题出现的频率日益增大。据统计资料表明,90%的工程结构的失效是因为疲劳。仅英国每年由于疲劳而造成的损失就达几千万英镑。

5.2　疲劳破坏断面特征

尽管材料不同,受载形式也不一样,但疲劳断裂一般都没有明显的塑性变形,因此常将疲劳破坏称作"脆性断裂"。从宏观上看,疲劳破坏断面呈现出明显的共同特征,即呈现出明显可辨的三个区域。大多数情况下,疲劳裂纹开始发生在构件表面,通常是在应力集中的部位,如几何不连续处、焊缝处等,也可能是在由材料内部存在的缺陷、晶界或第二相粒子等导致的应力集中的部位。这称为疲劳裂纹的萌生。这个初始的微小裂纹即是疲劳裂纹源。疲劳裂纹源加上随后的微裂纹扩展称为疲劳裂纹萌生区(或成核区),如图5-1中的Ⅰ区所示。

一旦成核后,在一定幅值的变动应力的作用下,达到一定条件时,裂纹即向外扩展,形成疲劳裂纹扩展区,如图5-1中的Ⅱ区所示。这个区域围绕在裂纹源的周围并向外扩展,它通常是一个非常光滑且平坦的部分,越靠近裂纹核的部分就越光滑,距离渐远,则显得逐渐粗糙。仔细观察还可以看到一些以裂纹核为中心的同心圆纹,类似于海滩上潮水在沙上形成的弧线,所以将其称为海滩状纹(或贝壳纹)。这些纹样被认为是裂纹在应力反复变化的每一周向前扩展一定量的痕迹。由于已断开部分的继续摩擦,断面会变得平滑、光亮。疲劳裂纹扩展区是疲劳破坏最具特点的一个区。在这一区内往往还有一些径向的射线,根据这些线条反推,有助于判断裂纹源的位置。

疲劳裂纹扩展的方向总是垂直于使其扩展的应力的作用线。裂纹扩展后,作用在剩余未断截面上的应力逐渐增大。当应力增大到一定程度时,剩余未断截面不能再支持载荷的作用而发生突然的断裂,形成瞬断区,如图5-1中的Ⅲ区所示。这一区呈现出明显的粗糙的脆性断裂的外貌,一般为纤维状,类似于静载拉伸断口的剪切唇部分。图5-2所示为一个典型的实际疲劳断裂面。

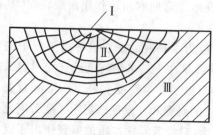

图 5-1

图 5-2

若应力较小,则疲劳裂纹扩展区就较大,最后的瞬断区就较小;若应力较大,则疲劳过程发展较快,疲劳裂纹扩展区较小,断面光滑度较差,而且往往会有多个疲劳源产生。另外,不同的载荷形式对疲劳破坏的影响也不相同。在相同应力水平下,拉伸和弯曲所产生的疲劳断面也会有所不同就是一例。

对疲劳破坏断面的仔细观察可以提供许多有助于说明疲劳失效现象的原因和本质的信息,例如疲劳源的部位、裂纹扩展的速率等。但仅仅有这种宏观的观察是不够的。人们需要从不同的角度和尺寸对疲劳现象进行研究。近代的工作中也包括许多利用扫描电镜等技术进行微观分析的结果。疲劳已经成为一个综合性很强的研究领域,对其本质的认识也逐渐深入,但还不能说已经建立了完整的理论。从工程角度来看,疲劳问题的解决和疲劳在实际问题中的应用,从一开始就在很大程度上依赖于实验工作,而且至今仍然如此。

5.3 疲劳试验

常规的力学性能实验,如静载拉伸试验或冲击试验等都不能测定疲劳性能。测量疲劳强度的定量值的唯一方法是进行疲劳试验。

疲劳试验的方法和设备有许多种,其中用得最多的是旋转弯曲试验。试验时将圆柱形小试件装在试验机上,使其作为悬臂梁或四点弯曲梁受载。当试件旋转时,工作段内任意一点的应力发生周期性的变化,其值在最大值和最小值之间交变,加在试验机上的载荷的大小和方向保持恒定。图 5-3 所示为试验机的简图。

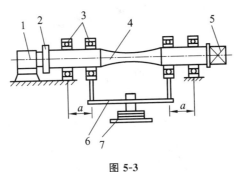

图 5-3

1— 电动机;2— 联轴器;3— 轴承;4— 试件;5— 计数器;6— 杠杆;7— 砝码组

1852 年到 1869 年间,德国工程师 A. Wöhler 设计了第一台反复加载的试验机,他通过大量试验发现:

(1) 疲劳发生与否主要取决于应力循环次数,而不是试验延续时间;

(2) 对于黑色金属,应力若小于某一数值,则金属就可以循环无数次而不至于发生疲劳破坏。

后来,R. R. Moore 发明了旋转弯曲疲劳试验机。这种试验机基本上包括了图 5-3 所示的主要部分。采用这种试验机进行试验时,试验原理简单,试验容易进行,试件容易制备,成本相对较低,而且可以较快地得到结果。因此,这种试验机长期得到了广泛的应用,它在断裂力学引入疲劳领域之前,几乎是唯一的主要试验设备,而且至今仍应用在许多工业领域中。

疲劳裂纹一般萌生于应力集中处,如圆角、链槽、孔洞、螺纹等处。疲劳强度还受试样尺寸、形状、表面粗糙度、热处理、加工方法及载荷历史的影响。为了排除这些因素,疲劳试件做成统一的标准规格,且表面光滑,没有截面突变。这样得出的结果仅仅反映的是材料本身的固有疲劳性质,材料类型、组成、微观组织等的疲劳强度,而不是结构工程因素的影响;这样得出的疲劳强度参数是最基本的,能为设计者提供基础数据。但在设计结构时,由于疲劳现象在复杂结构和条件下的表现更加变化多端,因此只有上述材料特性是不够的,往往要对整个部件甚至机械进行疲劳试验。这种试验的方法和设备都复杂得多,它已经超出了材料力学的范围,本书不作说明。

近年来,随着试验方法和机械的不断发展,已越来越多地采用轴向加载的试验方法。

疲劳试验有两方面的目的:一方面是基础研究,目的在于寻求对疲劳现象本质的解释和理论的发展;另一方面是经验或统计分析,目的在于寻求实际设计和强度分析的信息。材料力学范围内对疲劳的探讨以后者为主。

 ## 5.4 循环应力

当采用图 5-3 所示的试验机进行试验时,试件的尺寸一般是固定的,选择砝码的重量 W,即可确定作用在试件试验段上的弯矩。若试件以角速度 ω 转动,则试件试验段横截面上的一点 P 处的正应力即发生循环变化。

如图 5-4 所示,设 O 为截面圆心,R 为截面半径,x 轴与截面的中性轴重合,P 点到中性轴的距离用 y 表示,则 P 点处的正应力为

$$\sigma = \frac{My}{I_x}$$

由于 $M = \frac{Wa}{2}$，$y = R\sin\omega t$，$I_x = \frac{\pi R^4}{4}$，代入上式中，可得

$$\sigma = \frac{\frac{Wa}{2}R\sin\omega t}{\frac{\pi R^4}{4}} = \frac{2Wa}{\pi R^3}\sin\omega t \qquad (5\text{-}1)$$

当 $y = R$ 时，P 点处的应力取得最大值，即

$$\sigma_{\max} = \frac{\frac{Wa}{2}R}{\frac{\pi R^4}{4}} = \frac{2Wa}{\pi R^3} \qquad (5\text{-}2)$$

于是式（5-1）可改写为

$$\sigma = \sigma_{\max}\sin\omega t \qquad (5\text{-}3)$$

上式表明，试件截面圆周上任意一点处的应力随试件的旋转而呈正弦规律变化，如图 5-5 所示。这也是大多数机械中轴内弯曲应力的变化模式。

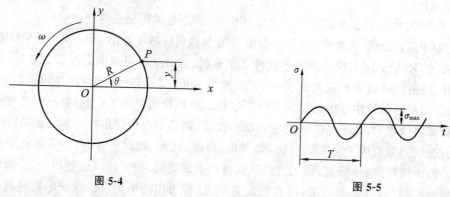

图 5-4　　　　　　　　图 5-5

图 5-5 中的 T 表示一次循环变化所经历的时间，称为周期。

在图 5-4 和图 5-5 所对应的情况中，当 P 点位于 x 轴以上时，应力为正值，且逐渐由零增大到最大值 $\sigma_{\max}$，然后逐渐减小到零；当试件继续旋转时，P 点位于 x 轴以下，应力变为压应力，其值和对应的 x 轴以上的点的应力值相同，但符号为负，即应力由零逐渐变为最大应力的负值 $-\sigma_{\max}$，再逐渐变为零，完成一个循环。这样的应力循环是变动应力中的一个特殊情况，称为对称循环应力。

一般而言，等幅变动应力可以表示为图 5-6(a) 所示的曲线。有关的参数，如最大应力 $\sigma_{\max}$、最小应力 $\sigma_{\min}$、应力幅 σ_a、平均应力 σ_m、应力范围 $\Delta\sigma$ 已标注在图上。这些参数的关系为

$$\begin{cases}\sigma_{\max} = \sigma_m + \sigma_a \\ \sigma_{\min} = \sigma_m - \sigma_a \\ \sigma_m = \frac{1}{2}(\sigma_{\max} + \sigma_{\min}) \\ \sigma_a = \frac{1}{2}(\sigma_{\max} - \sigma_{\min}) \\ \Delta\sigma = \sigma_{\max} - \sigma_{\min} = 2\sigma_a\end{cases} \qquad (5\text{-}4)$$

另一个参数为应力比 r，即

$$r = \frac{\sigma_{\min}}{\sigma_{\max}} \qquad\qquad (5-5)$$

在计算应力比 r 时,应将 $\sigma_{\min}$ 和 $\sigma_{\max}$ 的符号考虑进去。

事实上,不对称循环应力(见图 5-6(a))可以看成是一个对称循环应力(见图 5-6(c))叠加在一个其值等于平均应力的静应力(见图 5-6(b))上所形成的。

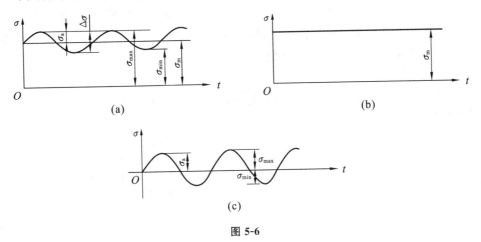

图 5-6

对于上述参数,只要已知其中的任意两个参数就可以描述一个循环应力,其他参数可以根据公式计算得出。例如在做疲劳试验时,首先确定的是平均应力和应力范围,因为据此可以先在试验机上设定一个静应力,然后再叠加一个变动应力;在做前一节所述的旋转弯曲疲劳试验时,首先确定的是最大应力(已知对称循环的应力比);而在设计机械时,往往首先要求的是最大应力和最小应力。

应力比 r 是一个重要的指标,因为它能直接反映循环变化的特征,故又称为循环特性数。很明显,$r=-1$ 时,为对称循环应力;$r=+1$ 时,为静应力;$r=0$ 时,为脉动循环应力。r 的值只能在 -1 到 $+1$ 的范围内变化。试验和研究表明,$r=-1$ 的对称循环对疲劳的影响最大。所以在材料力学范围内,对疲劳的讨论主要限于等幅对称循环的情况。

平均应力对疲劳也有较大的影响。一般情况下,平均拉应力是不利的,它会使疲劳寿命降低;而平均压应力是有利的,它可使疲劳不易发生或延缓。

5.5 S-N 曲线与疲劳强度

做旋转弯曲疲劳试验时,如果加在试样上的应力幅 σ_a 不太小,则试样经过一定循环次数 N 后将发生疲劳破坏。此时试验机自动停止,由此得到的两个参数 σ 和 N 表示了应力水平和循环次数(也可视作材料耐疲劳的寿命)之间的关系。应力水平越高,则试样破坏前的循环次数越少;应力水平越低,则试样破坏前的循环次数越多。采用一组相同的光滑试样,一般为 8 ~ 12 件,在第一件试样上加以相当于材料抗拉强度 σ_b 的 60% ~ 70% 的应力 σ_1,经 N_1 次循环后试样断裂;加在第二件试样上的应力减小一些,例如 $\sigma_2 = 0.4\sigma_b$,经 N_2 次循环后试样断裂;如此递减应力,得出一系列对应的 σ 和 N 的数据,将这些数据描绘在以 σ 为纵坐标、N 为横坐标的坐标系上,即可得到一条称为疲劳曲线的图线。也常采用半对数坐标系(σ-$\lg N$)或双对数坐标系($\lg\sigma$-$\lg N$)。所得图线具有大体相似的形状。图 5-7 是 30CrMnSiA 钢的 σ-$\lg N$ 试验结果。

工程实际中,构件所受的应力可能是切应力,因此应力和循环次数的关系曲线也可以是 τ-N 曲线。同样,也可以作出由应变和循环次数表示的疲劳曲线(ε-N 曲线)。疲劳曲线可表示为 S-N 曲线。前文已提到,A. Wöhler 在 20 世纪即已做了最早的大量研究和试验,并第一个作出了材料的疲劳曲线,故往往也将 S-N 曲线称为 Wöhler 曲线。

　　S-N 曲线表明,开始阶段应力随循环次数的增加而迅速减小,这说明应力对寿命有很大的影响;到一定程度后,曲线转平,即应力稍微减小一些,循环次数能有很大的增加。对于光滑的钢试件,试验发现,在循环次数达到 200 万到 500 万次之后,S-N 曲线基本上趋于和 N 轴平行,这表明只要应力低于此时对应的数值,试件的寿命将是无限的。这个极限应力称为材料的耐久极限,也称为疲劳极限或持久极限,用符号 σ_r 表示。脚标 r 为应力比。旋转弯曲的应力比为 −1,因此这样得到的耐久极限记作 σ_{-1}。

　　S-N 曲线的纵坐标也可以用负载系数 K 表示。负载系数 K 为最大应力 σ_{max} 与抗拉强度 σ_b 之比。这样画出的 S-N 曲线的形状和所说明的问题基本上是一样的。图 5-8 所示为如此得出的结构钢和铝合金的疲劳曲线。

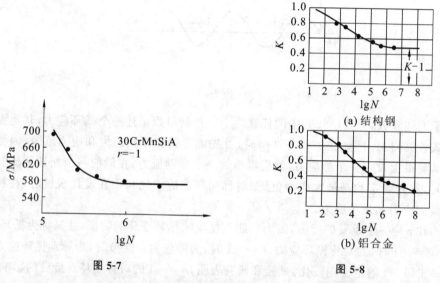

图 5-7

(a) 结构钢

(b) 铝合金

图 5-8

　　实际上,试验不可能无限期地进行。因此,一般规定一个基数来代替无限长的耐久寿命。S-N 曲线上与此基数对应的应力即为耐久极限。对于钢、铁等黑色金属材料,试样经受 10^7 次循环后尚不断裂,即可认为试样具有无限寿命,即对于这类材料,其循环基数可定为 $2 \times 10^6 \sim 1 \times 10^7$ 次。

　　有色金属的疲劳试验得出的疲劳曲线通常没有趋于水平的部分,例如图 5-8(b) 所示的铝合金的 S-N 曲线,该曲线在 10^8 次循环后仍有下降的趋势。对于这类材料,通常将 10^8 次作为基数,此时所对应的最大应力称为条件耐久极限,也常简称为耐久极限。

　　实践表明,在采用双对数坐标系,即 S 轴和 N 轴都用其对数值表示时,S-N 曲线非常接近于直线,或者说非常接近于两段直线所构成的折线,因此 S-N 曲线常用直线段来代替,如图 5-9 所示。两直线交点的横坐标 N_0 即为确定无限寿命的循环基数,图 5-9 所示的循环基数为 10^6。此处右侧的水平线段的纵坐标即为材料的耐久极限 S_{-1}。N_0 右边的区域为无限寿命区,N_0 左边的区域为有限寿命区。在有限寿命区内,不同的应力水平 S_i 对应着不同的有限寿命值(循环次数 N_i)。这条斜直线可以表示为方程 $S_i^m N_i = C$,式中 m 和 C 是材料常数。斜直线上任意一点的坐标为 (N_i, S_i)。规定一个 N_i 值,就有一个对应的 S_i 值。此 S_i 值称为寿命为 N_i 时的条件耐久极限。在图 5-9 中,当 $N_i = 10^5$ 次时,条件耐久极限为 390 MPa。

　　根据试验得到材料的耐久极限 σ_{-1} 后,疲劳强度计算的原则基本上与前面各章相同。首

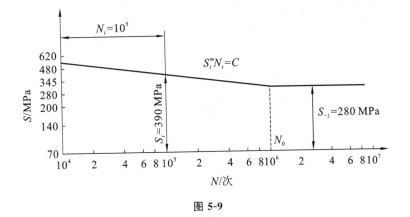

图 5-9

先选定适当的安全系数 n，然后求出耐久许用应力，即

$$[\sigma_{-1}] = \frac{\sigma_{-1}}{n} \qquad (5\text{-}6)$$

再建立强度条件，即

$$\sigma_{max} \leqslant [\sigma_{-1}] \qquad (5\text{-}7)$$

式中，σ_{max} 为作用的最大工作应力，在对称循环力中，其值与 σ_a 相同。

根据强度条件即可进行一系列的疲劳强度计算。大多数情况下，疲劳强度问题是强度校核。因此在疲劳强度问题的计算中，常常将强度条件写成另一种表述形式，即由式(5-6)和式(5-7) 写成

$$\sigma_{max} \leqslant [\sigma_{-1}] = \frac{\sigma_{-1}}{n}$$

即

$$\frac{\sigma_{-1}}{\sigma_{max}} \geqslant n \qquad (5\text{-}8)$$

上式左边表示耐久极限与最大工作应力之比，它表示材料实际的安全储备程度，称为实际的工作安全系数，用符号 n_σ 表示，其脚标 σ 表示该工作安全系数是对于正应力而言的。于是，强度条件可改写为用安全系数表示的形式，即

$$n_\sigma \geqslant n \qquad (5\text{-}9)$$

计算时先根据工作应力和耐久极限求出工作安全系数 n_σ，然后按式(5-9)进行比较，要求工作安全系数 n_σ 必须大于或等于规定的安全系数 n。安全系数 n 根据有关的标准或设计规范确定。

有两个问题需要说明。第一个需要说明的问题是安全系数 n。在求解耐久极限 σ_{-1} 时，虽然所用试件的材料和外形等都相同，但由于许多因素的影响，得出的试验点 (S_i, N_i) 不会恰好落在一条直线或一条光滑的曲线上，而是散落在一个范围内，然后用目视的方法或一定的数学回归方法处理成一条 $S\text{-}N$ 曲线。图 5-10 所示为某种钢的试验结果。粗实斜线是简化的 $S\text{-}N$ 曲线，圆点是各试验结果。从图中可以看出，这些圆点分散地落在斜线的两侧，即在由两条虚线表示的一个分散带内。在一定的循环次数时，该分散带所对应的应力水平是一个范围。例如，图中 8×10^5 次循环处，纵坐标和分散带相交于 A、B 两点，形成一个 $160 \sim 220$ MPa 的应力带，A 点的应力水平和 B 点的应力水平之比为 1.375 : 1。又例如在确定寿命时，若取应力水平为 130 MPa，则过此值的水平线（图中以虚线示出）与分散带相交于 C、D 两点，对应的循环次数分别为 1×10^6 和 4.4×10^6，两者之比约为 4.4 : 1。很难有一确定的值可以认为是

寿命值。这个数据分散的影响通常是由安全系数的选取来予以补偿的。因此,疲劳强度问题中所取的安全系数一般应较大,且远大于静强度问题的安全系数。

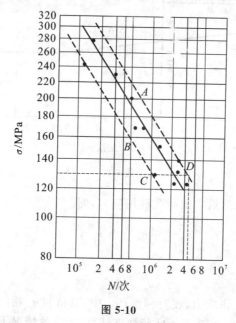

图 5-10

第二个需要说明的问题是:迄今所述的耐久极限仅是材料的一个特性,它对于真正解决结构和构件的疲劳问题是远远不够的。对于静载强度问题,只要测定了材料的特性,如屈服点、抗拉强度等,就可以求出许用应力,建立强度条件,直接解决设计和强度校核的问题。对于疲劳问题,结构或构件的耐久极限值,或者强度条件中所用到的耐久极限值和材料的特性值可能有很大的差别。受结构形状、加工方法及其他许多因素的影响,构件的耐久极限和材料的耐久极限不相同。上述疲劳强度计算方法只有理论上的意义,不能用于实际问题。

一般有两种途径可以解决这个问题。一种途径是针对各种不同的具体或典型的构件,以构件为"试样"进行疲劳试验,得出一系列不同构件的 S-N 图,将其作为设计依据,用到哪种构件时,就在该构件的 S-N 图中查找其具体的耐久极限。作这样的 S-N 图时,不仅要考虑构件的形状、材料、尺寸、表面状态等,而且要考虑其受载形式,这样得到的耐久极限能比较充分地反映构件的特点,可靠度较高。一些重要的结构和工业部分就是这样做的,如飞机设计中的疲劳强度问题等。这样做的问题是试验工作量大、施行困难、成本高、费时长等。另一种途径是分析构件的要素,寻找影响耐久极限的各种主要因素之间的定量关系,分别对各因素的影响进行试验,找出其关系,对材料的耐久极限进行修正,求出构件的耐久极限,用于解决构件的强度问题。在材料力学范围内,常采用后一种途径。

 ## 5.6 影响构件耐久极限的因素

构件的耐久极限和材料的耐久极限不同,一般前者较低。因为除材料性质外,耐久极限还受构件的结构状态、工作条件等方面的影响。影响构件耐久极限的主要因素有应力集中、构件尺寸及表面加工情况等。

1. 应力集中的影响

前已述及,疲劳裂纹的萌生通常在应力集中的部位。疲劳试验中应力集中的影响被减小到最低程度。试样的工作段做成光滑的圆柱形,没有截面几何形状的变化,而实际构件不可能都如此。由于工作的需要，构件外形要有变化，一些结构要素，如轴肩、槽孔、缺口、螺纹等都会引起应力集中。所以，应力集中对疲劳的影响实际上就是构件结构形状的影响。目前已经做了许多工作，求出了构件有不同形状变化时的耐久极限。设无应力集中的光滑试样的耐久极限为 σ_{-1}，有应力集中的试件的耐久极限为 σ'_{-1}，则两者的比值为

$$K_\sigma = \frac{\sigma_{-1}}{\sigma'_{-1}} \tag{5-10}$$

式中，K_σ 为有效应力集中系数，它反映了应力集中对疲劳强度的影响。由于应力集中一般会使耐久极限降低，即 σ'_{-1} 小于 σ_{-1}，因此 K_σ 大于 1。工程上已经将各种结构因素下的有效应力集中系数的试验数据列成表格或绘成图线，以方便查用。

在第 3 章中曾经提到，应力集中处的最大应力与平均应力之比称为理论应力集中系数。该系数和有效应力集中系数不完全相同。理论应力集中系数只与构件的形状有关，未涉及材料的性质。只要形状尺寸相同，不同材料的构件的理论应力集中系数是相同的。但若用它们进行疲劳试验，得出的 S-N 曲线却不相同。也就是说，有效应力集中系数还与材料的性质有关。有理由相信，既然这两个系数反映的都是某一种应力集中形态，那么它们之间会存在一定的关系。在一些手册和资料中能查出这种关系的经验表达式。例如，设理论应力集中系数为 α_σ，引入应力集中的"敏感系数"q，即

$$q = \frac{K_\sigma - 1}{\alpha_\sigma - 1} \tag{5-11}$$

则可用下式计算有效应力集中系数

$$K_\sigma = 1 + q(\alpha_\sigma - 1) \tag{5-12}$$

q 值反映了材料对应力集中的敏感程度，它可以在有关手册中查出。当 $q = 0$ 时，材料对应力集中不敏感，由式(5-11)可得出 $K_\sigma = 1$；当 $q = 1$ 时，材料对应力集中很敏感，由式(5-11)可得出 $K_\sigma = \alpha_\sigma$。一般情况下，有效应力集中系数小于理论应力集中系数。材料的静载强度极限越高，则材料对应力集中越敏感，有效应力集中系数越大。

由式(5-10)可得，有应力集中影响的构件的耐久极限为

$$\sigma'_{-1} = \frac{\sigma_{-1}}{K_\sigma} \tag{5-13}$$

2. 尺寸的影响

材料的耐久极限 σ_{-1} 由试样在试验机上测定。试样的直径一般为 $6 \sim 10$ mm。实际构件的尺寸往往比该尺寸要大。试验表明，随着尺寸的增大，耐久极限降低，高强度钢下降得更多。对于这种现象的解释通常有以下几点。

（1）大尺寸构件往往由大截面坯料制得，小尺寸试样则由小截面坯料制得，大截面坯料形成组织和结构缺陷，如夹杂、偏析、裂纹等的概率较高。

（2）疲劳裂纹源通常从构件表面或接近表面的某点起始，而大截面构件的表面积和体积都较大，形成疲劳裂纹源的概率较高。

（3）主要是构件截面上的应力梯度的影响。弯曲和扭转应力在截面上都是线性分布的，最大应力在表层。在最大应力相同的情况下，大尺寸试件的应力梯度较小，因此其表层承受较高应力水平的区域较大，疲劳裂纹形成的概率较高。

构件的截面尺寸对耐久极限的影响用尺寸系数 ε_σ 表示，其定义为

$$\varepsilon_\sigma = \frac{\sigma^\varepsilon_{-1}}{\sigma_{-1}} \tag{5-14}$$

式中,$\sigma_{-1}^{\varepsilon}$ 为光滑的大试样的耐久极限。于是,单纯考虑尺寸影响的耐久极限为

$$\sigma_{-1}^{\varepsilon} = \varepsilon_{\sigma}\sigma_{-1} \tag{5-15}$$

尺寸系数恒小于1,它一般也已被列成表格或图线备查。图5-11所示为钢构件的尺寸系数图。图5-11(a)用于大尺寸构件,图5-11(b)用于较小尺寸构件。若构件尺寸不太大,构件材料的性质良好、致密时,可将图中查出的数值乘以 1.2。若构件材料为低合金钢,可以采用碳钢的曲线,以求经济。

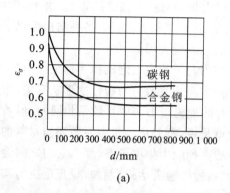 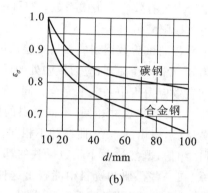

(a)   (b)

图 5-11

3. 表面质量的影响

构件的表面不一定与疲劳试样的表面一样是磨光表面,因此要考虑构件表面情况对耐久极限的影响。表面存在的加工刀痕也是一种应力集中源,它容易使裂纹产生,从而降低耐久极限。但是,与前两种影响不同的是,表面情况的影响不一定都是负向的。通过一定的强化或处理可以使构件的表面质量得到提高,也可以使耐久极限比由光滑试件得出的材料的耐久极限更高。所以,表面质量系数 β 可能小于1,也可能大于1。表面质量系数 β 的定义是:某种表面质量情况下的耐久极限 σ_{-1}^{β} 与材料的耐久极限 σ_{-1} 之比,即

$$\beta = \frac{\sigma_{-1}^{\beta}}{\sigma_{-1}} \tag{5-16}$$

β 的实用值可从手册中的表格或图线查出。图5-12所示为我国钢材的试验统计结果,图中反映了材料强度对表面加工情况的敏感性的影响。

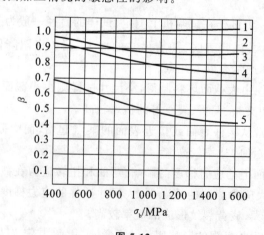

图 5-12

1— 抛光;2— 磨削;3— 精车;4— 粗车;5— 锻造自由表面

表面强化后, $\beta > 1$。例如对于光轴, 高频淬火后, $\beta = 1.3 \sim 1.7$; 渗碳后, $\beta = 1.5 \sim 2.0$; 喷丸强化后, $\beta = 1.1 \sim 1.25$; 滚压后, $\beta = 1.1 \sim 1.3$。

综合以上三个因素, 根据式(5-13)、式(5-15)及式(5-16), 设构件在对称循环下的耐久极限为 σ_{-1}^{0}, 则

$$\sigma_{-1}^{0} = \frac{\varepsilon_{\sigma}\beta}{K_{\sigma}}\sigma_{-1} \tag{5-17}$$

还有不少其他的影响因素, 如载荷频率的影响、环境条件的影响、载荷波形的影响等, 通常也可以用相应的修正系数给以反映, 系数的值可查阅有关手册或文献。

考虑到这些因素的影响, 疲劳强度的计算也要作相应的修正, 其方法仍是 5.5 节所述的方法, 即式(5-6)至式(5-9), 不同之处是将材料的耐久极限 σ_{-1} 用构件的耐久极限 σ_{-1}^{0} 代替, 则强度条件式(5-7)变为

$$\sigma_{\max} \leqslant [\sigma_{-1}] = \left(\frac{\varepsilon_{\sigma}\beta}{K_{\sigma}}\right)\frac{\sigma_{-1}}{n} \tag{5-18}$$

用安全系数表示的强度条件为

$$n_{\sigma} = \frac{\sigma_{-1}}{\left(\dfrac{K_{\sigma}}{\varepsilon_{\sigma}\beta}\right)\sigma_{\max}} \geqslant n \tag{5-19}$$

例 5-1 某轴危险截面的直径为 50 mm, 危险截面受弯矩 $M = 860$ N·m 的作用, 轴的材料为 A3 钢, $\sigma_{b} = 520$ MPa, $\sigma_{-1} = 220$ MPa, 在危险截面处开有键槽。若规定安全系数为 1.5, 试校核危险截面处的疲劳强度。

解 轴上的应力一般是对称循环的, 因此 $r = -1$。在计算工作应力时, 键槽对截面的削弱一般可以忽略不计, 于是有

$$\sigma_{\max} = \frac{M}{W} = \frac{860}{\dfrac{\pi}{32} \times 5^{3} \times 10^{-6}} \text{ Pa} = \frac{860}{12.3 \times 10^{-6}} \text{ Pa} = 70 \text{ MPa}$$

键槽的有效应力集中系数可由手册查出, 即 $K_{\sigma} = 1.65$; 尺寸系数由图 5-11 查出, 即 $\varepsilon_{\sigma} = 0.84$; 轴的表面加工一般为精车, 根据图 5-12 查出其表面质量系数, 即 $\beta = 0.953$。根据式(5-19)求出工作安全系数, 即

$$n_{\sigma} = \frac{\sigma_{-1}}{\left(\dfrac{K_{\sigma}}{\varepsilon_{\sigma}\beta}\right)\sigma_{\max}} = \frac{220}{\dfrac{1.65}{0.84 \times 0.953} \times 70} = 1.52$$

大于规定的安全系数 $n = 1.5$, 满足疲劳强度条件, 故轴在该截面处有足够的疲劳强度。

5.7 疲劳极限线图

耐久极限一般由对称循环应力试验的 S-N 曲线得出, 也可以用其他应力比 r 的加载试验作出非对称循环的 S-N 曲线, 求出不同应力比时的耐久极限 σ_{r}。不同应力比情况下的耐久极限可以放在一起用图线的形式表现, 称为疲劳极限线图。本书介绍表现方法中的一种, 它是由英国 J. Goodman 建议的。

选取以循环的平均应力 σ_{m} 为横坐标, 以应力幅 σ_{a} 为纵坐标的坐标系, 如图 5-13 所示。任一循环应力对应着坐标系内的一点, 例如 C 点, 其横坐标为 σ_{m}, 纵坐标为循环的应力幅 σ_{a}, 而两者之和, 即 $\sigma_{m} + \sigma_{a} = \sigma_{\max}$ 表示该循环应力的最大应力。由原点向 C' 点作一射线, 则有

$$\tan\alpha = \frac{\sigma_{a}}{\sigma_{m}} = \frac{\sigma_{\max} - \sigma_{\min}}{\sigma_{\max} + \sigma_{\min}} = \frac{1-r}{1+r}$$

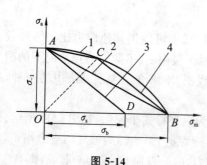

图 5-13

当 r 一定时, α 角即是确定的。或者说, 应力比 r 相同的所有应力循环都落在这一条射线上。当然, 该应力比下的耐久极限 σ_r 也在这条射线上。设耐久极限 σ_r 由 C 点表示。 C 点是一个临界点, 它表明在该应力比时, 若对应的应力循环点落在射线 OC 段上, 则材料不会发生疲劳破坏; 若对应的应力循环点落在射线 OC 段以外, 则材料有可能发生疲劳破坏。可以根据不同的应力比进行试验, 得出一系列临界点, 连成一条包络线 ACB, 该包络线即为疲劳极限线图(又称为 Goodman 图)。其中, A 点处的 $\sigma_m = 0$, 说明该点是对称循环时的耐久极限点, 即 σ_{-1}; B 点处的 $\sigma_a = 0$, 说明该点是静载情况, 此时 $r = 1$, 这一点对应的是材料的抗拉强度 σ_b。如果射线的倾斜角 $\alpha = 45°$(图 5-13 中的 α 角即为 45°), 则有 $\sigma_m = \sigma_a$, $\sigma_{max} = \sigma_m + \sigma_a = 2\sigma_a = \Delta\sigma$, $\sigma_{min} = \sigma_m - \sigma_a = 0$, 这是一脉动循环。因此, C 点是脉动循环应力($r = 0$)的耐久极限的对应点。曲线相对于纵坐标轴是对称的, 原点左边表示平均应力为负值的情况。整个图线是一个以横坐标轴为底的区域。落在区域内的点所对应的应力循环的最大工作应力 σ_{max} 必然小于相应的耐久极限 σ_r, 因此材料不会发生疲劳破坏。W. Gerber 认为疲劳极限线图 ACB 是一条过对称循环的耐久极限 σ_{-1} 的对应点 A 点、脉动循环情况的对应点 C 点及静抗拉强度 σ_b 的对应点 B 点的抛物线, 称为 Gerber 抛物线, 其方程为

$$\sigma_a = \sigma_{-1}\left[1 - \left(\frac{\sigma_m}{\sigma_b}\right)^2\right] \qquad (5-20)$$

抛物线图线在使用时很不方便, 而且从试验结果(见图 5-14)可以看出, 在这条图线所围成的区域内还有相当多的疲劳破坏点, 因此不够安全, 所以工程上常将疲劳极限线图加以简化。图 5-14 中直接连接 A、B 点的直线称为 Goodman 直线, 其方程为

$$\sigma_a = \sigma_{-1}\left(1 - \frac{\sigma_m}{\sigma_b}\right) \qquad (5-21)$$

或写为

$$\frac{\sigma_m}{\sigma_b} + \frac{\sigma_a}{\sigma_{-1}} = 1 \qquad (5-22)$$

若在 σ_m 轴上取对应于材料屈服点 σ_s 的点 D, 则直线 AD 是另一种简化结果, 称为 Soderberg 直线, 其方程为

$$\sigma_a = \sigma_{-1}\left(1 - \frac{\sigma_m}{\sigma_s}\right) \qquad (5-23)$$

或写为

$$\frac{\sigma_m}{\sigma_s} + \frac{\sigma_a}{\sigma_{-1}} = 1 \qquad (5-24)$$

另一种简化是以连接 AC 和 CB 的折线代替抛物

图 5-14
1—Gerber 抛物线; 2—Goodman 直线;
3—Soderberg 直线; 4—简化折线

线,该折线称为简化折线,其 AC 段的方程为

$$\sigma_a = \sigma_{-1} - \frac{2\sigma_{-1} - \sigma_0}{\sigma_0} \sigma_m \tag{5-25}$$

式中,σ_0 是脉动循环应力($r = 0$)时的耐久极限。

在这些线图中,Gerber 抛物线过于复杂且偏于不安全;折线最接近抛物线,且因用直线代替曲线比较方便,故常有应用,但也较不安全;Soderberg 直线过于保守;用得最多而又方便、可靠的是 Goodman 直线,它常用作疲劳强度计算的依据。

以上所述仍是材料的性质,在工程设计使用时还需要考虑安全系数以及应力集中等的影响。可以把这些影响代入图中,对相应的坐标点予以修正。例如试验证明,构件的应力集中、尺寸、表面质量等因素的影响只作用于循环应力中属于动应力的应力幅 σ_a,而对属于静应力部分的平均应力 σ_m 没有影响。所以 K_σ、ε_σ、β 等因素只需修正在纵坐标上,即以 $\sigma_{-1}^0 = \frac{\varepsilon_\sigma \beta}{K_\sigma}\sigma_{-1}$ 代替 σ_{-1} 代入图中或相应的方程式中即可。

工程实际中有时为了方便而把疲劳极限线图和其方程表示成无量纲形式,即将纵坐标用 σ_a/σ_{-1} 表示,横坐标用 σ_m/σ_b 表示。于是 A 点的坐标相当于$(0,1)$,而 B 点的坐标相当于 $(1,0)$。疲劳极限线图的方程在形式上也有所变化。如果把安全系数及应力集中等因素都一并计入,则纵、横坐标轴相应地变为

$$\frac{\sigma_a}{\left(\frac{\varepsilon_\sigma \beta}{K_\sigma}\sigma_{-1}\right)/n_{-1}}, \frac{\sigma_m}{\sigma_b/n_b}$$

式中,n_{-1} 和 n_b 分别表示对应于对称循环应力和静强度极限的安全系数。因此,Gerber 抛物线和 Goodman 直线的实用方程为

$$\frac{\sigma_a}{\left(\frac{\varepsilon_\sigma \beta}{K_\sigma}\sigma_{-1}\right)/n_{-1}} = 1 - \left(\frac{\sigma_m}{\sigma_b/n_b}\right)^2 \tag{5-26}$$

$$\frac{\sigma_m}{\sigma_b/n_b} + \frac{\sigma_a}{\left(\frac{\varepsilon_\sigma \beta}{K_\sigma}\sigma_{-1}\right)/n_{-1}} = 1 \tag{5-27}$$

改变后的线图如图 5-15 所示。

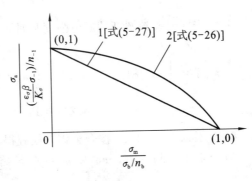

图 5-15

1—Goodman 直线;2—Gerber 抛物线

 ## 5.8　非对称循环下构件的疲劳强度计算

根据上节内容,特别是式(5-27)或式(5-26)和图 5-14,即可进行非对称循环应力条件

下的构件的疲劳强度计算,根据构件上危险点处的工作应力的实际情况求出平均应力 σ_m 和应力幅 σ_a。如果利用图 5-14,即可在其 σ_m-σ_a 坐标系中找到一个对应点(图中未标示出),连接原点与该对应点并向外延长,该射线即可与不同的疲劳极限线相交,根据拟选的线(例如 Goodman 直线)与射线的交点的纵、横坐标值定出该情况下的耐久极限,然后按定义算出工作安全系数 n_σ,并与规定的安全系数进行比较。

若选用式(5-27)或式(5-26)进行计算,其方法见下例。在这种方法中,需要用到材料在静拉伸强度时的安全系数 n_b。

试验结果表明,对于由一般塑性材料制成的构件,在 $r<0$ 的循环应力的作用下它常因疲劳而损坏,故应进行疲劳强度计算;但在 $r>0$ 的循环应力的作用下,它往往先发生明显的塑性变形,然后才发生疲劳破坏。在这种情况下,构件的强度一般取决于其屈服点,而不是耐久极限。但实际情况比较复杂,随着构件具体情况的不同,构件在 $r>0$ 的循环应力的作用下,有可能在没有发生明显的塑性变形时先发生疲劳破坏,尤其是在 r 略大于零时。因此,工程上对于 $r>0$ 的循环应力作用的情况,一般同时计算构件的疲劳强度和屈服点。

例 5-2 受纯弯曲作用的圆杆的直径为 40 mm,作用弯矩的大小是变化的,$M_{max}=510$ N·m,$M_{min}=\frac{1}{5}M_{max}$,圆柱材料为合金钢,$\sigma_b=950$ MPa,$\sigma_s=540$ MPa,$\sigma_{-1}=430$ MPa,圆杆由精车制成,在其中部因结构需要有一直径为 2 mm 的贯穿孔。若圆杆规定的安全系数 $n=2.0$,$n_s=1.5$,试校核此杆的强度。

解 (1)圆杆的工作应力。

圆杆受纯弯曲作用,各截面的工作应力相同,其中部截面处虽有小孔,对截面有削弱作用,但因孔径很小,为了方便计算,其削弱作用可忽略不计,该截面的应力仍按圆截面的应力计算。

$$W=\frac{\pi d^3}{32}=\frac{\pi}{32}\times(0.04)^3 \text{ m}^3=6.28\times10^{-6} \text{ m}^3$$

$$\sigma_{max}=\frac{M_{max}}{W}=\frac{510}{6.28\times10^{-6}} \text{ Pa}=81.2 \text{ MPa}$$

$$\sigma_{min}=\frac{M_{min}}{W}=\frac{M_{max}}{5W}=\frac{1}{5}\sigma_{max}=\frac{1}{5}\times81.2 \text{ MPa}=16.24 \text{ MPa}$$

$$r=\frac{\sigma_{min}}{\sigma_{max}}=\frac{16.24}{81.2}=0.2$$

由于 $r>0$,但大得不多,故需同时校核圆杆的疲劳强度和屈服强度。
(2)疲劳强度校核。

$$\sigma_m=\frac{1}{2}(\sigma_{max}+\sigma_{min})=\frac{1}{2}\times(81.2+16.24) \text{ MPa}=48.72 \text{ MPa}$$

$$\sigma_a=\frac{1}{2}(\sigma_{max}-\sigma_{min})=\frac{1}{2}\times(81.2-16.24) \text{ MPa}=32.48 \text{ MPa}$$

由手册查得 $K_\sigma=2.18$;ε_σ 根据图 5-11(b)按合金钢图线查得,即 $\varepsilon_\sigma=0.77$;β 根据图 5-12 按图线 3 取 $\sigma_b=950$ MPa 取得,即 $\beta=0.895$;取 $n_b=2.5$。将以上各式代入式(5-27)中可得

$$\frac{48.72}{950/2.5}+\frac{32.48}{\left(\frac{0.77\times0.895\times430}{2.18}\right)/n_r}=1$$

解得

$$n_r=\frac{1-0.128\,2}{0.238\,9}=3.65$$

因此，$n_r > n = 2.0$，圆杆的疲劳强度足够。需要说明的是，在计算式中耐久极限用的是 σ_{-1}，这是对称循环的值，应该使用的是 σ_r，在此例中应为 $\sigma_{0.2}$。所以，有些资料中引入一个修正系数，在 σ_{-1} 上乘以一个反映非对称循环时材料耐久极限 σ_r 随 r 改变的修正系数。该系数可在有关资料中查得。在此例中，计算出的工作安全系数 n_r 比规定的安全系数大得多，这个问题就被克服了。

（3）屈服强度校核。

圆杆的工作安全系数为

$$n_\sigma = \frac{\sigma_s}{\sigma_{max}} = \frac{540}{81.2} = 6.65$$

远大于 $n_\sigma = 1.5$，因此圆杆的屈服强度足够。

例 5-3 图 5-16 所示为一简支梁，其截面为矩形，全梁厚度相同，为 0.05 m。梁由镍合金钢制成，其弯曲耐久极限为 289 MPa，屈服点为 300 MPa，抗拉强度为 570 MPa。梁的左段高度为 200 mm，右段高度为 160 mm，在中部截面高度变化处有圆角过渡，其静载时的应力集中系数 $K_\sigma = 1.5$，疲劳时的有效应力集中系数 $K_\sigma = 1.3$。载荷作用在距左支承为四分之一梁长处，向下为 F，向上为 $\frac{1}{2}F$，且循环变化。设对应于屈服的安全系数 $n_s = 2$，对应于抗拉强度的安全系数 $n_b = 3$，对应于疲劳的安全系数 $n_\sigma = 4$，试求：

（1）在载荷向下的情况下按屈服条件求载荷的允许值；

（2）分别按 Gerber 抛物线和 Goodman 直线求循环加载时的载荷许用值。

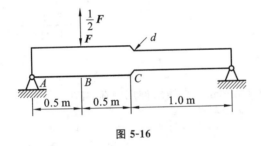

图 5-16

解 （1）当载荷向下为 F 时，载荷作用处的弯矩 $M_B = 0.375F$，梁的中点 C 处的弯矩 $M_C = 0.25F$。因截面 B 处的高度较截面 C 处的高度高，故截面 B 和截面 C 均可能是危险截面。

若截面 B 为危险截面，则屈服条件为

$$\sigma_{max} = \frac{M_B}{W} \leqslant [\sigma] = \frac{\sigma_s}{n_s}$$

即

$$\frac{0.375F}{\frac{0.05 \times (0.2)^2}{6}} \leqslant \frac{300 \times 10^6}{2}$$

解得

$$F \leqslant 133.3 \text{ kN}$$

若截面 C 为危险截面，考虑到有应力集中，故有

$$\sigma_{max} = K_\sigma \frac{M_C}{W} \leqslant \frac{\sigma_s}{n_s}$$

即

$$1.5 \times \frac{0.25F}{\frac{0.05 \times (0.16)^2}{6}} \leqslant \frac{300 \times 10^6}{2}$$

解得

$$F \leqslant 85.3 \text{ kN}$$

比较后选用许用载荷 $F = 85.3$ kN。

（2）由此可见，截面 C 为危险截面，在循环载荷的作用下，有

$$\sigma_{\max} = K_\sigma \frac{M_C}{W} = 1.3 \times \frac{0.25F}{\frac{0.05 \times (0.16)^2}{6}} = 1\ 523F$$

$$\sigma_{\min} = -762F$$

$$\sigma_{\mathrm{m}} = \frac{1}{2}(\sigma_{\max} + \sigma_{\min}) = \frac{1}{2}(1\ 523F - 762F) = 380.5F$$

$$\sigma_{\mathrm{a}} = \frac{1}{2}(\sigma_{\max} - \sigma_{\min}) = \frac{1}{2}(1\ 523F + 762F) = 1\ 142.5F$$

根据式(5-26)，即按 Gerber 抛物线求许用载荷，则有（ε_σ 和 β 均为1）

$$\frac{\frac{\sigma_{\mathrm{a}}}{\sigma_{-1}}}{K_\sigma n_\sigma} = 1 - \left(\frac{\sigma_{\mathrm{m}}}{\sigma_{\mathrm{b}}/n_{\mathrm{b}}}\right)^2$$

即

$$\frac{1\ 142.5F}{(289 \times 10^6)/(1.3 \times 4)} = 1 - \left(\frac{380.5F}{570 \times 10^6/3}\right)^2$$

解得

$$F = 48.2 \text{ kN}$$

根据式(5-27)，即按 Goodman 直线求许用载荷，则有

$$\frac{\sigma_{\mathrm{m}}}{\sigma_{\mathrm{b}}/n_{\mathrm{b}}} + \frac{\sigma_{\mathrm{a}}}{\frac{\sigma_{-1}}{K_\sigma}/n_\sigma} = 1$$

即

$$\frac{380.5F}{(570 \times 10^6)/3} + \frac{1\ 142.5F}{(289 \times 10^6)/(1.3 \times 4)} = 1$$

解得

$$F = 44.3 \text{ kN}$$

由此可见，考虑疲劳时，梁的承载能力降低，仅为静载承载能力的 56.5%（按 Gerber 抛物线计算）或 51.9%（按 Goodman 直线计算）。

5.9 弯曲和扭转组合受载时构件的疲劳强度计算

轴是工程中最常用的构件之一，它通常在弯曲和扭转组合受载的情况下受循环变化应力的作用，其疲劳强度问题很重要。

前已述及，按照塑性条件，静载荷弯曲与扭转组合变形时，第四强度理论公式为

$$\sqrt{\sigma_{\mathrm{w}}^2 + 3\tau_{\mathrm{n}}^2} = \sigma_{\mathrm{s}}$$

式中，σ_{w} 为工作弯曲应力，τ_{n} 为工作扭转应力，它们都对应于危险点处的数值。此式还可以写成

$$\left(\frac{\sigma_{\mathrm{w}}}{\sigma_{\mathrm{s}}}\right)^2 + \left(\frac{\tau_{\mathrm{n}}}{\tau_{\mathrm{s}}}\right)^2 = 1$$

式中，τ_{s} 为剪切屈服极限，按第四强度理论有 $\tau_{\mathrm{s}} = \sigma_{\mathrm{s}}/\sqrt{3}$。

对于在弯曲和扭转组合的变动应力下的构件的疲劳破坏，根据试验研究，认为其条件也可以写成类似的形式，即

$$\left(\frac{\sigma_{\mathrm{w}}}{\sigma_{-1}}\right)^2 + \left(\frac{\tau_{\mathrm{n}}}{\tau_{-1}}\right)^2 = 1 \tag{5-28}$$

对于构件来说，式中的 σ_{-1} 和 τ_{-1} 应理解为构件的耐久极限，即考虑了影响因素并修正了的耐久极限，如 $(\sigma_{-1}^0)_{\mathrm{w}} = \dfrac{\varepsilon_\sigma \beta}{K_\sigma}\sigma_{-1}$，$(\tau_{-1}^0)_{\mathrm{n}} = \dfrac{\varepsilon_\tau \beta}{K_\tau}\tau_{-1}$。

式(5-28)是一个椭圆，图 5-17 为其四分之一部分。椭圆所围成的区域是不发生疲劳破坏的区域。若某构件在弯曲和扭转组合的对称循环应力下工作，其危险点的最大弯曲应力为 σ_{w}，最大扭转应力为 τ_{n}，则可在图上找到一对应点，例如 C' 点，若此点落在椭圆内，则该构件应是安全的。

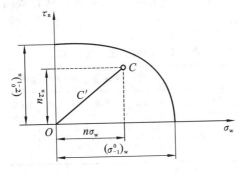

图 5-17

考虑到构件的安全度，设规定的安全系数为 n，则可以把 σ_{w} 和 τ_{n} 分别放大 n 倍，以 $n\sigma_{\mathrm{w}}$ 和 $n\tau_{\mathrm{n}}$ 为坐标在图上确定一点，设为 C 点。由于放大的倍率相同，因此 C 点应落在自原点向 C' 点所作的射线的延长线上。若 C 点仍在椭圆内，或者落在椭圆线上，则构件不会发生疲劳破坏，且有大小为 n 的安全裕度。于是由式(5-28)可得，弯曲与扭转组合的疲劳强度条件为

$$\left[\frac{n\sigma_{\mathrm{w}}}{(\sigma_{-1}^0)_{\mathrm{w}}}\right]^2 + \left[\frac{n\tau_{\mathrm{n}}}{(\tau_{-1}^0)_{\mathrm{n}}}\right]^2 \leqslant 1 \tag{5-29}$$

为了推导出用安全系数表示的强度条件，可将式(5-29)改写为

$$\left[\frac{n}{\dfrac{(\sigma_{-1}^0)_{\mathrm{w}}}{\sigma_{\mathrm{w}}}}\right]^2 + \left[\frac{n}{\dfrac{(\tau_{-1}^0)_{\mathrm{n}}}{\tau_{\mathrm{n}}}}\right]^2 \leqslant 1$$

式中，$(\sigma_{-1}^0)_{\mathrm{w}}/\sigma_{\mathrm{w}}$ 按定义显然是构件在弯曲对称循环应力下的安全系数 n_σ，而 $(\tau_{-1}^0)_{\mathrm{n}}/\tau_{\mathrm{n}}$ 是构件在扭转对称循环应力下的安全系数，记作 n_τ，代入上式中，可得

$$\left(\frac{n}{n_\sigma}\right)^2 + \left(\frac{n}{n_\tau}\right)^2 \leqslant 1$$

即

$$\frac{n_\sigma n_\tau}{\sqrt{n_\sigma^2 + n_\tau^2}} \geqslant n \tag{5-30}$$

式(5-30)是用安全系数表示的弯曲与扭转组合的强度条件,工程实际中经常用它来代替式(5-29)进行疲劳强度计算。

式(5-30)中的 n_σ 和 n_τ 是对应于对称循环的值,而对于非对称循环,需要作一些变换。根据 5.7 节中的 Goodman 直线的表达式,式(5-21)或式(5-22)可以改写为

$$\sigma_{-1} = \sigma_a + \psi_\sigma \sigma_m \tag{5-31}$$

式中引入了转化系数 ψ_σ,且 $\psi_\sigma = \sigma_{-1}/\sigma_b$。再考虑到前面提到过的应力集中、尺寸、表面质量等因素的影响只对应力的变动部分起作用的情况,工作安全系数 n_σ 可以表示为

$$n_\sigma = \frac{\sigma_{-1}}{\dfrac{K_\sigma}{\varepsilon_\sigma \beta}\sigma_a + \psi_\sigma \sigma_m}$$

同理可以写出

$$n_\tau = \frac{\tau_{-1}}{\dfrac{K_\tau}{\varepsilon_\tau \beta}\tau_a + \psi_\tau \tau_m}$$

转化系数 ψ_σ 和 ψ_τ 由材料的力学性能决定,它们可以通过查阅相关资料获得。钢的转化系数 ψ_σ 和 ψ_τ 如表 5-1 所示。

表 5-1　钢的转化系数 ψ_σ 和 ψ_τ

转 化 系 数	静载强度极限 σ_b/MPa				
	$350 \sim 550$	$520 \sim 750$	$700 \sim 1\,000$	$1\,000 \sim 1\,200$	$1\,200 \sim 1\,400$
ψ_σ	0	0.05	0.10	0.20	0.25
ψ_τ	0	0	0.05	0.10	0.15

例 5-4　圆轴由合金钢制成,$\sigma_b = 900\,\text{MPa}$,$\sigma_{-1} = 410\,\text{MPa}$,$\tau_{-1} = 240\,\text{MPa}$。圆轴受弯曲和扭转的组合作用,弯矩在 $-1\,000 \sim +1\,000\,\text{N·m}$ 之间变化,扭矩在 $0 \sim 1\,500\,\text{N·m}$ 之间变化。圆轴在危险截面处的直径由 60 mm 减小为 50 mm,截面改变处有 5 mm 的圆角,由此引起的应力集中的应力集中系数为 $K_\sigma = 1.55$,$K_\tau = 1.24$。圆轴由精车完工,未经磨削。若规定的安全系数 $n = 2$,试校核圆轴的疲劳强度。

解　(1)计算工作应力。
弯曲应力为

$$\sigma_{max} = \frac{M_{max}}{W} = \frac{1\,000}{\dfrac{\pi \times (0.05)^3}{32}}\,\text{Pa} = 81.5\,\text{MPa}$$

$$\sigma_{min} = \frac{M_{min}}{W} = \frac{-1\,000}{\dfrac{\pi \times (0.05)^3}{32}}\,\text{Pa} = -81.5\,\text{MPa}$$

$$r = \frac{\sigma_{min}}{\sigma_{max}} = \frac{-81.5}{81.5} = -1 \quad (\text{为对称循环})$$

扭转应力为

$$\tau_{max} = \frac{T_{max}}{W_p} = \frac{1\,500}{\dfrac{\pi \times (0.05)^3}{16}}\,\text{Pa} = 61.1\,\text{MPa}$$

$$\tau_{\min} = \frac{T_{\min}}{W_{p}} = 0$$

$$r = \frac{\tau_{\min}}{\tau_{\max}} = 0 \quad （为脉动循环）$$

$$\tau_{a} = \tau_{m} = \frac{\tau_{\max}}{2} = \frac{61.1}{2}\,\mathrm{MPa} = 30.55\,\mathrm{MPa}$$

（2）计算安全系数。

已知 $K_{\sigma} = 1.55, K_{\tau} = 1.24$，按 $d = 50\,\mathrm{mm}$ 在图 5-11(b) 中查得 $\varepsilon_{\sigma} = 0.745$，取 ε_{τ} 略大于 ε_{σ}（材料为合金钢时，若为碳钢，则 ε_{τ} 略小于 ε_{σ}），设 $\varepsilon_{\tau} = 0.76$；查图 5-12，按精车情况可得 $\beta = 0.895$。于是有

$$n_{\sigma} = \frac{\sigma_{-1}}{\dfrac{K_{\sigma}}{\varepsilon_{\sigma}\beta}\sigma_{\max}} = \frac{410}{\dfrac{1.55}{0.745 \times 0.895} \times 81.5} = 2.169$$

$$n_{\tau} = \frac{\tau_{-1}}{\dfrac{K_{\tau}}{\varepsilon_{\tau}\beta}\tau_{a} + \psi_{\tau}\tau_{m}} = \frac{240}{\dfrac{1.24}{0.76 \times 0.895} \times 30.55 + 0.05 \times 30.55} = 4.19$$

式中 ψ_{τ} 由表 5-1 查得。将上述计算结果代入式(5-30)中，可得

$$\frac{n_{\sigma}n_{\tau}}{\sqrt{n_{\sigma}^{2} + n_{\tau}^{2}}} = \frac{2.169 \times 4.19}{\sqrt{2.169^{2} + 4.19^{2}}} = 1.93 < 2$$

因此不能保证圆轴的疲劳安全，需采取措施予以改进。

5.10 改进构件抗疲劳性能的措施

疲劳破坏会造成很大的损失，且常有发生，因此工程上很重视如何提高构件的疲劳强度，改进构件的抗疲劳性能。这是一个很大的课题，贯穿从设计到使用的整个工程实践。

原则上说，主要是从影响疲劳的各个环节着手，尤其是从减小应力集中和改善表面质量等方面采取措施。

为了提高构件的疲劳强度，在设计构件时应尽量从微观和宏观上消除或减小应力集中。在材料选择上，尽量选用韧性较好、组织均匀的材料；在结构上，尽量避免形状和尺寸的突变，尤其是受力最大的截面要避免变化，避免尖锐的过渡，少开孔槽。结构上不允许采用过大的过渡圆角时，可以在轴肩附近设置减荷槽或退刀槽。焊接结构是工程中常用的有效连接形式，其应用很广，但焊接所产生的焊缝和热影响区常常是疲劳裂纹的起源，是疲劳破坏的起始点，因此要设法减小焊接处的应力集中和残余应力，例如用搭接焊代替填角焊，增加角撑板等。

由于疲劳裂纹大多起始于构件的表面，因此改善构件表面质量也是改进构件抗疲劳性能的重要方面。对于重载、高速工作的构件，尽量采用磨削以及抛光的加工方法来改善其表面粗糙度。高强度钢对表面粗糙度的影响更为敏感，因此由高强度钢制成的构件的表面应更光滑，并且要特别注意的是，不要使其表面受到损伤，机械损伤（如刻痕、划伤、打印等）和化学损伤（如锈蚀等）都应避免。

可以采用表面处理的方法来改善构件的表面质量。热处理和化学表面处理，如高频淬火、渗碳、氮化等都有显著的效果。也可以用机械强化的方法，如表面喷丸强化、表面辊压等

使构件表面形成一层预压应力层,从而抵消或减弱引起裂纹的表面拉应力的作用,进而改进构件的抗疲劳性能。

在使用构件时应注意不要造成误操作,以免产生过大的突加应力。保持构件在良好的环境中工作,定期检查,防止构件受到机械损伤和化学侵蚀,以破坏其工作表面。

习　　题

1. 判断"疲劳破坏是脆性的"和"疲劳破坏是塑性的"这两种说法的对错。

2. 疲劳破坏的断口与静载拉伸试验的断口有什么不同?

3. 机器上的某一螺钉工作时受最大拉力 $F_{max} = 60$ kN,最小拉力 $F_{min} = 40$ kN 的作用,螺纹部分的外径 $D = 15$ mm,内径 $d = 11.5$ mm,试求螺钉的平均应力、应力幅、应力比,并作出其 $\sigma\text{-}t$ 曲线(设该曲线为正弦曲线型)。

4. 根据表 5-2 所示的碳钢试件在 $r = -1$ 时的试验数据作出该碳钢试件的 S-N 曲线,并用半对数坐标(S-lgN)按所作的曲线确定:

(1) 耐久极限;

(2) 5×10^5 次循环条件下的条件耐久极限;

(3) $\sigma_a = 260$ MPa 时的疲劳寿命。

表 5-2　碳钢试件在 $r = -1$ 时的试验数据

σ_a/MPa	N/ 次	σ_a/MPa	N/ 次
340	15×10^3	250	301×10^3
300	24×10^3	235	290×10^3
290	36×10^3	230	361×10^3
275	80×10^3	220	881×10^3
260	177×10^3	215	1.3×10^6
255	162×10^3	210	2.6×10^6

另四件碳钢试件在应力 σ_a 为 210 MPa,210 MPa,205 MPa,205 MPa 时,循环次数超过 10^7 而未破断

5. 由碳钢制成的某悬臂圆杆,其材料的耐久极限为 370 MPa,在其自由端承受最大值为 8 800 N 的反复交变载荷。设此圆杆的长度为 600 mm,其外形光滑,无形状变化。若要求其抗疲劳的安全系数至少为 3,试确定此圆杆的直径。不计尺寸和加工表面的影响。

6. 圆截面连杆受反复拉伸载荷的作用,最大拉力为 450 kN,最小拉力为 160 kN。连杆由合金钢制成,其抗拉强度 $\sigma_b = 700$ MPa,在对称循环轴向载荷下的耐久极限为 560 MPa。若要求连杆的安全系数为 $n_b = 3, n_\sigma = 3.5$,并已知应力集中系数为 1.6(静载)和 1.5(疲劳),试按疲劳设计此连杆的直径,并用静载情况检验。

7. 悬臂梁在其端部受向下载荷的作用,载荷在 2 kN 到 10 kN 之间循环变化。梁的长度为 2.5 m,其材料的性质为 $\sigma_{-1} = 150$ MPa,$\sigma_b = 450$ MPa。若要求梁的安全系数为 $n_\sigma = 3$,$n_b = 2$,设截面为矩形,高度与宽度之比为 3.2,试按 Goodman 直线确定此梁的截面尺寸。不

计应力集中、尺寸及加工表面的影响。

8. 直径 $D = 50$ mm, $d = 40$ mm 的阶梯轴受循环变动应力的作用,正应力在 50 MPa 到 -50 MPa 之间循环变化,切应力在 40 MPa 到 20 MPa 之间循环变化。阶梯轴由碳钢精车制成,材料的 $\sigma_b = 550$ MPa, $\sigma_{-1} = 220$ MPa, $\tau_{-1} = 120$ MPa, $\sigma_s = 300$ MPa, $\tau_s = 180$ MPa。设由轴径变化引起的应力集中的应力集中系数为 $K_\sigma = 1.55$, $K_\tau = 1.20$,试求此轴的工作安全系数。

第6章 工程力学的进一步研究

从Galileo的《关于两门新科学的对话》开始,材料力学已经历了350多年的历史。在这个过程中,材料力学作为一门重要的基础技术学科在解决工程结构的强度问题等方面作出了巨大贡献,其自身也得到了不断的充实和发展。随着科学研究的进步,特别是生产和技术活动在如此长的时期内的发展,材料力学的内涵也在不断地发生变化。有些原来属于材料力学范围的内容,或者原来是材料力学研究中的细小方面已经发展成了一些独立的范畴,形成了一些新的科学或学科。它们基于材料力学,与材料力学有着密切的联系,却又不同于材料力学,它们有更深入和丰富的内容,更广泛和专业的应用领域。本章从实用的角度简述其中的几个专题,作为材料力学经典内容的继续与扩充,也作为进一步研究工程结构物的强度等问题的起点与基础。

6.1 低周疲劳

第5章对疲劳问题有较全面的基本论述,但那里所介绍的疲劳是在应力值不大,循环次数较多的情况下发生的,属于高循环次数的疲劳现象,称为高周(次)疲劳。因其在工程结构中比较常见,因此一般所说的疲劳即指高周疲劳。后来发现有些结构和构件在循环加载过程中的应力水平相当高,峰值应力可能超过屈服极限,或者应变水平很高,卸载时有残余应变存在,它们在达到断裂破坏时所经历的循环次数并不多,甚至很少。这种情况下的疲劳问题有许多不同于高周疲劳的特点,这种疲劳称为低周疲劳,或低循环疲劳。工程上一般以10^5次的循环次数作为分界标志。总寿命低于10^5次的疲劳问题视为低周疲劳。图6-1所示为低周疲劳和高周疲劳间的关系。

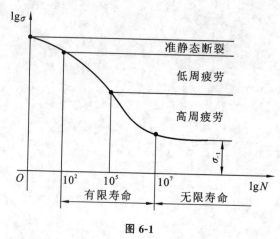

图 6-1

低周疲劳是一个重要的问题。一方面,有不少工程构件在整个寿命中只受到有限次数的交变载荷,例如高压容器、飞机起落架、燃气涡轮机、炮管等。以气罐为例,若每天充气一次,则50年内才循环18 000多次。飞机起落架在某些机型中的总的工作寿命才要求为3 000次起落。这些构件若仍按疲劳极限作无限寿命设计,显然是极不经济的。另一方面,大多数构件上都有孔、槽、过渡圆角等应力集中因素存在,构件周期受载时,虽然总体上处于弹性范围内,但在应力集中区的材料往往已进入塑性变形状态,特别是在总体应力水平较高时更是如此。材料的低周疲劳性能研究能较充分地揭示在有大应变,尤其是塑性应变产生时裂纹的形成、发展及材料的疲劳断裂的机理。因此,低周疲劳也常称为应变疲劳。另外,有些零部件在工作中会受到热应力和机械应力的同时作用。热力机械,如燃气涡轮等每启动一次,由热应力引起的应力、应变就会变动一次,由此可能引起热疲劳。热疲劳也是低周疲劳的一种。

在低周疲劳研究中,通过低周疲劳试验建立不同的应变范围 ε 与对应的断裂循环次数 N 之间的关系曲线,该曲线称为应变 - 寿命曲线($ε$-N_f 曲线)。低周疲劳试验比高周疲劳试验要困难得多,通常采用轴向拉压加载,试验中控制总应变幅,疲劳循环次数由计数器自动记录,直到试件断裂。总应变幅等于弹性应变幅与塑性应变幅之和。从理论上来说,发生疲劳断裂的是塑性应变部分,但控制塑性应变幅的试验比较难于实现,而控制总应变幅比较方便。典型的应变 - 寿命曲线如图 6-2 所示,从表面上看,它与 S-N 曲线相似。

可以根据材料力学从总应变幅 $Δε$ 中计算出弹性应变幅 $Δε_e$ 和塑性应变幅 $Δε_p$,从而作出 $Δε_e$-N_f 曲线和 $Δε_p$-N_f 曲线。在双对数坐标系中,$Δε_e$-N_f 曲线和 $Δε_p$-N_f 曲线都近似为直线。作图时一般将纵坐标取为 $Δε/2$,横坐标取为 $2N_f$,然后取对数。$Δε_e$-N_f 曲线在纵坐标轴上的截距为 $σ'_f/E$,曲线的斜率为 b,曲线方程为

$$\frac{Δε_e}{2} = \frac{σ'_f}{E}(2N_f)^b \tag{6-1}$$

式中:$σ'_f$ 为试件断裂时的循环应力,它与真实的断裂强度 $σ_b$ 很接近,实际计算中可用 $σ_b$ 近似替代;b 为疲劳强度指数,对于韧性较好的金属,其值不超过 0.12,材料硬度提高时,b 值略有下降,最小不小于 0.05。

$Δε_p$-N_f 曲线是塑性应变幅与断裂循环次数之间的关系。该曲线的纵坐标轴截距为 $ε'_f$,斜率为 c,则曲线方程为

$$\frac{Δε_p}{2} = ε'_f(2N_f)^c \tag{6-2}$$

式(6-2)一般称为 Manson-Coffin 公式。式中:$ε'_f$ 为疲劳延性系数,常取曲线在图 6-2 所示的双对数坐标系的纵坐标轴上的截距,即 $2N_f = 1$ 时的应变值代入计算;c 为疲劳延性指数,其值在 0.5 ~ 0.7 之间,是一个材料常数。c 值小于 1 说明在循环加载中试件所能承受的塑性应变比一次拉伸时的要大。这意味着在一个循环中压缩部分所造成的损伤效果比拉伸时的要小。

图 6-2 中的两条直线有一交点(图 6-2 中的 $2N_T$),交点左侧的区域为低周疲劳控制区。不同的金属材料的应变 - 寿命曲线有一共同的交点(见图 6-3),该交点对应的应变值约为 0.01。由图 6-3 可知,在交点左侧,即低周疲劳的大应变量情况下,延性好的材料寿命长;在交点右侧,即应变量小的低幅循环中,强度高的材料寿命长。

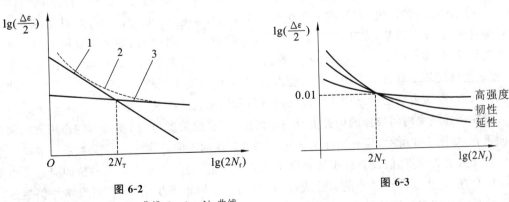

图 6-2

图 6-3

1—$Δε_p$-N_f 曲线;2—$Δε$-N_f 曲线;3—$Δε_e$-N_f 曲线

图 6-2 中两条直线的交点所对应的疲劳寿命 N_T 称为过渡疲劳寿命。很明显,此处的弹

性应变幅与塑性应变幅相等，即 $\varepsilon_e = \varepsilon_p$。当 $N_f < N_T$ 时，材料的疲劳寿命主要取决于塑性应变幅。

过渡疲劳寿命 N_T 是低周疲劳的关键指标之一。如果设计的疲劳寿命 N_f 小于 N_T，则需要按 $\Delta\varepsilon$-N_f 曲线进行设计。对于一般的钢，其过渡疲劳寿命 N_T 大约在 $10^3 \sim 10^4$ 次之间。不同材料的过渡疲劳寿命可能有较大的差别。高温合金的过渡疲劳寿命 N_T 就可能在 $10^2 \sim 10^3$ 次之间。也有一些特殊材料，其两条直线根本没有交点，即该材料不存在过渡疲劳寿命，如某种高温定向凝固合金。

用试验的方法作出各种材料的低周疲劳性能曲线，就可以用来解决低周疲劳强度问题。但这种试验比较复杂，需要昂贵的试验机和复杂、精密的测试设备，所耗费的人力和物力都很大。现已找到一些简便的方法，根据实践经验，在不做或少做试验的情况下，利用常规力学性能参数来估算低周疲劳性能，预测疲劳寿命。

6.2　工程断裂问题

在第 5 章关于疲劳问题的分析中，已经提到断裂力学对疲劳断裂研究发展的贡献。事实上，工程结构的断裂破坏并不仅限于疲劳。几百年来，自金属材料日益广泛应用，特别是高强度金属材料在许多领域，如机械、航空、宇航、化工等中广泛应用以来，断裂问题就不断发生，传统的强度理论不能对其进行解释和处理。断裂力学从 20 世纪 60 年代以后开始日益蓬勃发展，并在许多工业领域中取得了成功，提出了一系列指导性的新观念和新方法。

断裂力学与传统强度理论的根本不同之处是：断裂力学承认构件或材料总是存在缺陷或微裂纹，这些缺陷或微裂纹在一定的条件下有可能发展成为宏观裂纹而引起低应力下的脆性断裂或韧性断裂。这就放弃了材料力学中关于材料都是均质连续的基本假设，而更接近工程实际，从而表现了强大的实用性和生命力。

断裂力学把材料和结构中的缺陷归纳为裂缝或类裂纹，分析这些裂纹在受载状态和环境条件下的表现，回答诸如多大的裂纹是允许存在的，不至于在服役期间发展并导致断裂；多大的裂纹在一旦受载后就会立即引起失稳断裂；允许存在的小裂纹在什么条件下会开始扩展，其扩展的速率与什么因素有关，扩展到断裂时构件还有多长的剩余寿命；为了保证安全，应该安排间隔多长时间对结构进行缺陷检查，检查中发现了裂纹该如何处理等问题。

断裂力学的分析从分析含有裂纹的构件或材料中裂纹的附近，尤其是裂纹端点附近的应力场和应变场开始，然后建立表征裂纹扩展和断裂的新的判据。这个工作应该追溯到 1920 年的 Griffith 的研究，但他的工作在当时并没有引起重视，而且他的公式只适用于绝对脆性的材料。几十年以后，尤其是第二次世界大战前后一段时间内的断裂事故使人们又开始重视断裂问题。美国的 Irwin 和 Orowan 等人在研究导弹的脆断问题时扩展了 Griffith 的工作，使之能够应用于具有一定塑性变形能力的材料，例如高强度钢。此后，经过 60、70 年代许多人的努力，断裂力学已可以用于解决任何材料和结构物的断裂问题。

设在一远端受均匀拉伸的构件上有一小裂纹，裂纹的长度为 $2a$，拉应力的作用方向和裂纹面垂直，如图 6-4 所示。建立坐标系 x-y，x 轴沿裂纹面方向，y 轴垂直于裂纹面。r-θ 坐标系则以裂纹尖端为原点。假设裂纹扩展时沿 x 轴方向前进。构件内原为均匀的拉伸应力场由于裂纹的存在，产生了两个微小的自由表面，应力场在这附近发生了改变。假设构件仍然是均质连续且符合胡克定律的线性弹性体，构件的厚度不大，应力沿厚度方向均匀分布。Irwin 推导出的裂尖附近（$r \ll a$ 处）的应力为

$$\begin{cases} \sigma_y = \dfrac{K_{\mathrm{I}}}{\sqrt{2\pi r}}\cos\dfrac{\theta}{2}\left(1+\sin\dfrac{\theta}{2}\sin\dfrac{3\theta}{2}\right) \\[3mm] \sigma_x = \dfrac{K_{\mathrm{I}}}{\sqrt{2\pi r}}\cos\dfrac{\theta}{2}\left(1-\sin\dfrac{\theta}{2}\sin\dfrac{3\theta}{2}\right) \\[3mm] \tau_{xy} = \dfrac{K_{\mathrm{I}}}{\sqrt{2\pi r}}\sin\dfrac{\theta}{2}\cos\dfrac{\theta}{2}\cos\dfrac{3\theta}{2} \end{cases} \tag{6-3}$$

式中,K_{I} 是一个新的重要参数,称为应力强度因子(SIF)。显然,当 r、θ 一定时,K_{I} 是表征应力场内该点处应力强弱的参数。脚标 I 为裂纹类型,它由应力与裂纹之间的关系决定。I 型表示远端作用应力与裂纹面垂直,其作用是直接将裂纹拉开,称为张开型。共有三种裂纹类型,如图 6-5 所示。II 型为滑开型,或剪切型,裂纹面的运动方向垂直于裂纹前缘,但仍在原裂纹面内。III 型为撕开型,或平面型,裂纹面平行于裂纹前缘运动,并仍保持在原裂纹面内。三种裂纹类型中以 I 型最为常见和危险,研究得也最多。

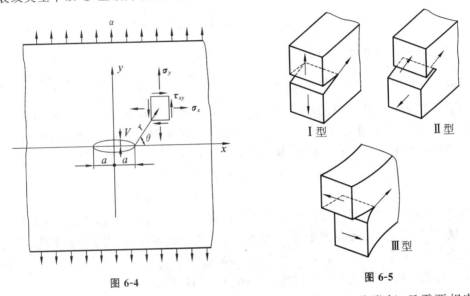

图 6-4   图 6-5

II 型和 III 型的应力表达式与 I 型的应力表达式式(6-3)十分类似,只需要相应地把 K_{I} 换成 K_{II} 或 K_{III}。I 型的应力表达式本来是一个级数式,但高次项都已略去,因为在非常接近裂纹前缘的微小区域内,只有主项是最重要的。由此可以看出,I 型的应力是 r、θ 的函数。当 r、θ 取某一确定值时,应力的大小只与 K_{I} 有关。K_{I} 由作用载荷及裂纹的形状和尺寸决定。对于任意两个构件,不论其形状、受力情况及裂纹情况如何,只要其应力强度因子 K 相同,则裂尖区的应力场将完全相同。应力强度因子有效地反映了构件中由于存在微裂纹而在裂纹附近引起的应力重新分布的情况,它是表征裂纹引起的后果的特征参数。应力强度因子是断裂力学的基本概念之一。

应力强度因子与前面有关章节中提到的应力集中系数不是一个概念,不要混淆。应力集中系数反映了由几何形状变化引起的真实应力与名义应力的大小之比,而应力强度因子是确定裂纹尖区内的应力场程度的参数。

应力强度因子 K 通过应力分析确定。对于一无限大的板平面内受均匀的垂直于长度为 $2a$ 的裂纹面的应力 $\boldsymbol{\sigma}$ 的作用情况,若裂纹是穿透的,则有

$$K = \sigma\sqrt{\pi a} \tag{6-4}$$

K 的量纲为 $[\text{应力}]\times\sqrt{[\text{长度}]}$,常用单位为 $\mathrm{MPa}\cdot\sqrt{\mathrm{m}}$。式(6-4)对于平面应力和平面

应变情况都适用。

对于一般情况,可以有

$$K = Y\sigma\sqrt{\pi a} \tag{6-5}$$

式(6-5)中引入了一个无量纲因子 Y,用来反映其他情况的裂纹配置、尺寸、形状及载荷情况,称为几何因子。具体的 Y 值可在相关手册和文献中查取。例如对于图 6-4 所示的情况,$Y = 1$;当板宽不是无限大而是 $2B$ 时,有

$$Y = \frac{1.0 - 0.5x + 0.37x^2 - 0.44x^3}{(1.0 - x)^{1/2}}$$

式中,x 为裂纹长的一半与板宽的一半之比,即 $x = a/B$。

在平面应变状态下,板厚方向上作用的应力为

$$\sigma_z = \mu(\sigma_y + \sigma_x) \tag{6-6}$$

式中,μ 为泊松比。裂纹在 y 轴方向上的张开量为

$$2V = \frac{1 - \mu^2}{E} \frac{4K}{\pi}\sqrt{2\pi r} \tag{6-7}$$

在平面应力状态下,$\sigma_z = 0$,裂纹在 y 轴方向上的张开量为

$$2V = \frac{1}{E} \frac{4K}{\pi}\sqrt{2\pi r} \tag{6-8}$$

由裂纹在 y 轴方向上的张开量和式(6-3)中的 σ_y 可以计算出要使裂纹闭合 da 长度所需的能量,这个能量在数值上与裂纹扩展 da 长度所释放的能量相等。这样就把 K 和 Griffith 理论中的能量释放率参量 G 联系起来,其关系为

$$\begin{cases} K^2 = EG & (\text{平面应力}) \\ K^2 = EG/(1 - \mu^2) & (\text{平面应变}) \end{cases} \tag{6-9}$$

既然 K 是对裂纹引起的应力和应变的量度,那么可以设想当 K 达到某一临界值时裂纹就会扩展,这样就建立了新的判据。判断是否会发生断裂的条件(类比于强度条件)可写为

$$K_{\mathrm{I}} \leqslant K_{\mathrm{I}c} \tag{6-10}$$

$K_{\mathrm{I}c}$ 即是此临界值,假设它是一个材料常数,由式(6-4)可得

$$K_{\mathrm{I}c} = \sigma_c\sqrt{\pi a} \tag{6-11}$$

式中,σ_c 为断裂时的破坏应力。

如果 $K_{\mathrm{I}c}$ 是材料常数,则对于材料相同但裂纹尺寸或配置不同的试件,应测得相同的数值,而试验确实在一定范围内证实了这一点。不同材料的 $K_{\mathrm{I}c}$ 值大多都已通过试验予以测定。在确定了 $K_{\mathrm{I}c}$ 值后,任何尺寸的裂纹的断裂强度就都能估算。如果给定了应力值,也可以估算出材料能够允许的裂纹尺寸。$K_{\mathrm{I}c}$ 是材料对裂纹扩展的阻力的量度,称为平面应变断裂韧度,其量纲与 K 的量纲相同,具体数值可查阅相关手册或文献。

既然裂纹的弹性能释放率 G 与应力强度因子 K 有一定的关系,那么可以建立以 G 为标志的判据,即裂纹扩展的条件可以写为

$$G_{\mathrm{I}} \geqslant G_{\mathrm{I}c} \tag{6-12}$$

式中,$G_{\mathrm{I}c}$ 称为临界弹性能释放率,其量纲是裂纹扩展单位长度时单位板厚的能量,它可以通过试验测定,或按其与 K 的关系进行换算。

以上分析除了非常接近裂纹尖端的微小范围外,还是建立在弹性应力分析的基础上的,材料符合胡克定律,应力不超过弹性极限。这个基础上的分析属于线弹性断裂力学(LEFM)的范畴。

对于 Ⅰ 型裂纹,起主要作用的是 $\boldsymbol{\sigma}_y$ 这一应力分量(见图 6-4)。若在式(6-3)中令 $\theta=0$,即考虑裂纹在 $\boldsymbol{\sigma}_y$ 作用下沿裂纹面(x 轴方向)扩展的情况,可得

$$\sigma_y = K/\sqrt{2\pi r} \tag{6-13}$$

于是在裂尖点处,$r=0$,σ_y 将趋于无限大。对于任何材料,这当然是不可能的。事实上,裂尖处的材料受力后会立即进入屈服状态,随着载荷的增加,裂尖附近将形成一个小的塑性区,同时裂尖微微变钝。因此严格来说,线弹性断裂分析是不能用来分析裂尖邻近区的应力、应变的。但是,如果塑性区很小,相对于裂纹长度或裂尖到构件自由表面的距离而言足够小,则线弹性断裂力学方法还是有效的。

塑性区的大小并不容易确定,而且由于出现了塑性区,裂尖附近的应力发生了重新分配,塑性区内的应力降低为材料的屈服应力 σ_s,而塑性区外的应力要有所增加,以维持平衡。这样,按照真实裂纹长度计算出的 K 值和实际作用的应力会偏大,而按式(6-13)计算出的应力就显得过小,需要进行修正。经过半理论半试验的分析,认为裂尖塑性区可以表示为一个半径为 r_y 的圆,且

$$r_y = \frac{1}{2\pi}\left(\frac{K}{\sigma_s}\right)^2 \tag{6-14}$$

如图 6-6 所示,图中的 $SPUW$ 曲线是真实地出现塑性区后的应力分布曲线,QUW 曲线的形状和原来的应力分布曲线的形状相似。由图可见,如果把裂纹尖端点想象为位于 O 点,则应力分布形式就和线弹性分析的一致了。也就是说,用 $a+r_y$ 长度代替原来的裂纹半长,原来推导出的公式和结论就都可以继续使用了。这就是所谓的塑性区修正。于是,以原先的无限大的板中央有长度为 $2a$ 的穿透裂纹的问题为例,则塑性区外各处的 K 应为

$$K = \sigma\sqrt{\pi(a+r_y)}$$

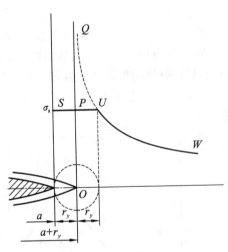

图 6-6

将式(6-4)代入式(6-14)中,可得

$$r_y = \frac{1}{2\pi}\left(\frac{\sigma\sqrt{\pi a}}{\sigma_s}\right)^2$$

将上式代入 $K = \sigma\sqrt{\pi(a+r_y)}$ 中,可得

$$K = \sigma\sqrt{\pi a}\left[1 + \frac{1}{2}\left(\frac{\sigma}{\sigma_s}\right)^2\right]^{\frac{1}{2}}$$

中括号内即为修正系数,它随 σ/σ_s 的比值变化。当比值由 0.2 变到 0.8 时,它由 1.01 变到 1.15。需要强调的是,这个修正系数只适用于塑性区很小的情况。

塑性区的存在使裂纹尖端变钝,而且由于假想的裂纹尖端点已移动到 O 点,在原来的裂纹尖端点处的裂纹就有了一定的张开位移。在有塑性的情况下,裂纹张开位移(COD)可以作为表征裂纹是否会扩展的另一个参量。裂纹张开位移一旦达到某一临界值,裂纹的扩展或断裂将会发生。这就是断裂力学的 COD 判据。临界裂纹张开位移的值由试验和规范确定。在线弹性断裂力学范围内,裂纹张开位移准则和 K_{Ic}、G_{Ic} 是等价的。在塑性区较大的情况下,裂纹张开位移准则使用起来更方便一些。

对于低强度、高韧性的材料,其塑性区可能很大,因此线弹性断裂分析将不再适用,故需要进行弹塑性断裂力学(EPFM)分析。

对于疲劳问题,断裂力学不仅可以帮助理解其渐进断裂的本质,而且可以定量地给出疲劳裂纹的扩展速率,进而确定构件的剩余寿命。由于应力强度因子 K 是表征裂纹尖端附近区内应力情况的单一参量,而疲劳裂纹的扩展又是裂纹受应力作用的结果,因此可以很自然地想到用 K 作为基础量来描述裂纹扩展的速率。在试验分析的基础上,Paris 等人建议以应力强度因子范围 ΔK 作为有关参量。

$$\Delta K = K_{\max} - K_{\min}$$

式中,$K_{\max}$ 和 $K_{\min}$ 分别为循环载荷的上限应力和下限应力对应的应力强度因子值。如果用 $\mathrm{d}a/\mathrm{d}N$ 表示裂纹的扩展速率,其中 N 表示循环次数,则 $\mathrm{d}a/\mathrm{d}N$ 即是每一次循环中裂纹长度的扩展量,于是有

$$\frac{\mathrm{d}a}{\mathrm{d}N} = C\,(\Delta K)^m \tag{6-15}$$

式中,C 和 m 为材料常数。式(6-15)称为 Paris 公式。许多进一步的试验结果证明了该公式的适用性,它已被广泛地应用在工程实际中。

Paris 公式在双对数坐标系中是一条直线。实际情况表明,真正的试验点往往落在一条略呈 S 形的曲线上,如图 6-7 所示,只有中间一段是直线,这是 Paris 公式的适用范围。当 $K_{\max}$ 值接近于 K_c 值时(即曲线的上端),裂纹的扩展速率显著增大,以至趋于无限而断裂;当 ΔK 值很小时(即曲线的下端),裂纹的扩展速率极慢,并且存在一个门槛值(阈值)ΔK_{th},当 $\Delta K < \Delta K_{th}$ 时,裂纹不会扩展。

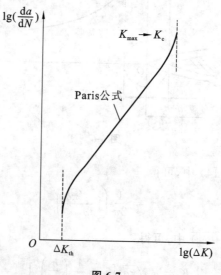

图 6-7

Paris 公式有一些缺陷,它不能完全描述各种情况下的疲劳裂纹扩展规律,例如它没有考虑到非对称循环应力比的影响、最大应力的影响等。因此随后又有许多经验关系式被提出,其中用得较多的是 Formax 公式,即

$$\frac{\mathrm{d}a}{\mathrm{d}N} = \frac{C\,(\Delta K)^n}{(1-R)K_{Ic} - \Delta K} \tag{6-16}$$

式中,C、n 为材料常数,R 为循环应力比。

由疲劳裂纹扩展速率表达式可以估算出构件的疲劳寿命(裂纹扩展阶段的寿命)。例如,由 $\frac{\mathrm{d}a}{\mathrm{d}N} = C\,(\Delta K)^m$ 可得

$$N_f = \int_0^{N_f} \mathrm{d}N = \int_{a_i}^{a_f} \frac{\mathrm{d}a}{C\,(\Delta K)^m}$$

式中,a_i 和 a_f 分别为起始时的裂纹长度和断裂时的裂纹长度。

断裂力学结合传统的强度理论已经解决了许多重要的工程问题。随着新材料、新领域的出现,以及对工业安全的愈益重视,断裂力学将继续在指导选材、指导设计、计算寿命、分析断裂失效等方面起着更重要的作用,它将会和材料力学一样成为工程技术基础科学之一,并为人们所熟知和应用。

6.3 极限设计

传统的强度设计,包括现代大多数的工程结构物和机械零部件的强度分析,都是在应力水平上进行的。确定失效应力后,将失效应力除以选定的安全系数,即可得到许用应力,使构件内的最大工作应力小于该许用应力。许用应力一般都在材料的弹性范围内。随着对材料性质的了解,为了充分发挥材料的承载潜力,提高结构设计的经济性,在一些领域内工程技术人员把重点转向了按承载能力进行设计这一方面。先把真实的使用载荷或工作载荷乘以一个大于 1 的系数,然后用此放大了的载荷,或称为设计载荷进行设计,选定材料和构件的尺寸,保证其在设计载荷的作用下不至失效。这个改变并不仅仅是因为它在物理意义上更直观,而是因为结构实际上是直接用来承受载荷的。更重要的是,可以利用材料的非弹性性质来提高结构的承载能力,从而提高经济性。这样的方法称为塑性分析与设计,或极限设计。

常用的结构材料的应力、应变关系已在第 3 章中介绍过。在弹性范围外,应力应变曲线有一段塑性起作用的区域,如图 6-8 中的虚线所示。这一段上升的曲线是材料塑性应变硬化的结果。这一段曲线上升的程度和形状因材料而有所不同。可以把材料的应力、应变理想化为两种情况。一种情况为弹性 - 完全塑性,如图 6-8 中的 OAC 曲线所示。A 点(ε_A,σ_A)对应的应力为屈服极限 σ_s,过此点后,应力维持不变,仍为 σ_s,应变不断增加,材料呈现完全的塑性。多数韧性材料为这种情况。另一种情况为弹性 - 部分塑性,如图 6-8 中的 $OABD$ 曲线所示。AB 段是应变硬化的结果。设 A 点和 B 点的坐标分别为(ε_A,σ_A)和(ε_B,σ_B),则 OA 段(弹性范围内)的方程为

$$\sigma = E\varepsilon = \frac{\sigma_A}{\varepsilon_A}\varepsilon$$

OB 段的方程为

$$\sigma = \left(\frac{\sigma_B - \sigma_A}{\varepsilon_B - \varepsilon_A}\right)\varepsilon$$

A、B 两点由不同的材料通过试验确定。

以受纯弯曲的矩形截面梁为例。设材料符合第一类理想情况(弹性 - 完全塑性),梁的截

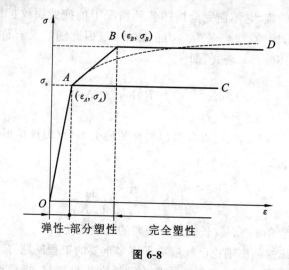

图 6-8

面高度为 $2H$,宽度为 $2B$,如图 6-9(a) 所示。按原来的设计思想,梁最外缘处的应力达到 σ_s 时为最大设计承载能力。距中性轴为 y 处的应力 $\boldsymbol{\sigma}_e$ 对轴的微力矩(见图 6-9(b)) 为

$$dM_e = 2B\sigma_s \frac{y}{H} y dy$$

则梁所受的最大弯矩为

$$M_e = \frac{2B\sigma_s}{H} \int_{-H}^{H} y^2 dy = \frac{4}{3} BH^2 \sigma_s$$

如果考虑塑性,在梁最外缘处的应力达到 σ_s 后应力不再增加,但梁可自由变形,于是紧靠梁最外缘的一层的应力将增加,直到等于 σ_s,如此经过图 6-9(c) 所示的情况,最后到整个截面屈服,如图 6-9(d) 所示,此时微力矩为

$$dM_p = 2B\sigma_s y dy$$

梁所受的弯矩为

$$M_p = 2 \cdot 2B\sigma_s \int_0^H y dy = 2BH^2 \sigma_s$$

于是有

$$\frac{M_p}{M_e} = \frac{2BH^2 \sigma_s}{\frac{4}{3} BH^2 \sigma_s} = \frac{3}{2} = 1.5$$

显然,梁的承载能力有了较大的提高。

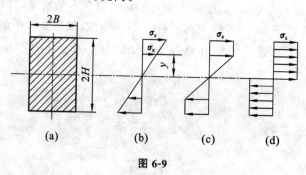

(a)   (b)   (c)   (d)

图 6-9

在材料、尺寸都没有改变的情况下,仅仅改变设计概念,构件的承载能力就有了显著的提高,从而充分发挥了结构材料的潜力,这就是极限设计的优点。

由此可以看出,承载能力的提高实际上与材料以及尺寸并没有关系,因为在比式中这些因子都已消去。所以,M_p/M_e 仅与截面的几何形状有关。比值 $f = M_p/M_e$ 称为形状因子。对于矩形截面,$f = 1.5$。其他形状的截面的形状因子 f 可用类似方法求得。例如对于圆形截面,$f = 1.70$;对于高度为宽度的两倍,而各缘条和腹板都等厚的工字形截面,$f = 1.125$。

在截面全部进入塑性状态时,整个截面的应力均相等,为 σ_s,但截面上部的应力的方向与截面下部的应力的方向相反。显然,为了使截面在轴向能保持平衡,截面上部的合力与截面下部的合力应相等而反向,这就要求截面受拉部分的面积与受压部分的面积相等。因此,塑性中性轴应该位于恰好把截面分为相等的两部分的位置。对于矩形截面,塑性中性轴与弹性中性轴重合。其他对称截面也是如此,而非对称截面则有所区别,由下例可以看出。

设梁的截面形状如图 6-10 所示,材料的屈服极限为 400 MPa。弹性中性轴(z 轴)应通过截面形心,故有

$$y = \frac{150 \times 30 \times 15 + 30 \times 150 \times 105}{150 \times 30 + 30 \times 150} \text{ mm} = 60 \text{ mm}$$

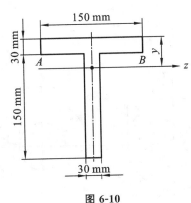

图 6-10

塑性中性轴应使两部分面积相等,因此应位于截面变化处,即图 6-10 中的 AB 线处,在 z 轴之上,距离 z 轴 30 mm。按弹性设计,有

$$
\begin{aligned}
I &= \left[\frac{1}{12} \times 0.15 \times 0.03^3 + 0.15 \times 0.03 \times (0.06 - 0.015)^2 \right. \\
&\quad \left. + \frac{1}{12} \times 0.03 \times 0.15^3 + 0.03 \times 0.15 \times (0.105 - 0.06)^2 \right] \text{m}^4 \\
&= 27.0 \times 10^{-6} \text{ m}^4
\end{aligned}
$$

故有

$$M_e = \frac{\sigma_s I}{y_{max}} = \frac{400 \times 10^6 \times 27.0 \times 10^{-6}}{0.12} \text{ N} \cdot \text{m} = 90 \text{ kN} \cdot \text{m}$$

按塑性设计,有

$$M_p = 400 \times 10^6 \times (0.15 \times 0.03 \times 0.015 + 0.03 \times 0.15 \times 0.075) \text{ N} \cdot \text{m} = 162 \text{ kN} \cdot \text{m}$$

故有

$$f = \frac{M_p}{M_e} = \frac{162}{90} = 1.8$$

对于扭转,也有类似的结果。图 6-11 所示为一空心轴的截面,r_o 和 r_i 分别为外半径和内半径,图 6-11(a) 所示为其弹性情况。当轴外周的应力达到 τ_s 时,轴所受的扭矩为

$$T_e = \frac{\frac{\pi}{2}(r_o^4 - r_i^4)\tau_s}{r_o} \tag{6-17}$$

式中，T_e 为扭矩，脚标 e 表示弹性的。

若按塑性分析，设材料符合弹性-完全塑性规律，当截面上各点都进入塑性状态时（见图 6-11(b)），可以求出此时轴所受的扭矩 T_p。

取微面积 dA，则 $dA = 2\pi\rho d\rho$，于是有

$$dT_p = \tau_s \cdot 2\pi\rho d\rho \cdot \rho = 2\pi\tau_s\rho^2 d\rho$$

对上式进行积分，可得

$$T_p = 2\pi\tau_s \int_{r_i}^{r_o} \rho^2 d\rho = \frac{2\pi}{3}\tau_s(r_o^3 - r_i^3) \tag{6-18}$$

若该轴为实心轴，则 $r_i = 0$，$r_o = R$，故有

$$T_e = \frac{\pi}{2}\tau_s R^3$$

$$T_p = \frac{2\pi}{3}\tau_s R^3$$

$$\frac{T_p}{T_e} = \frac{\frac{2\pi}{3}\tau_s R^3}{\frac{\pi}{2}\tau_s R^3} = \frac{4}{3} = 1.33$$

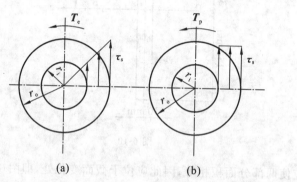

图 6-11

对于超静定杆系结构，塑性设计也能表现出优势。

不要产生错觉，以为塑性设计中结构和构件已经真正进入塑性状态。实际上由于用以设计和计算的载荷是设计载荷，是放大了的使用载荷和工作载荷，因此构件在工作时，构件内的实际工作应力远小于屈服极限，构件还是在弹性范围内。仅仅是改变了分析和设计的逻辑概念，经济上就得到了有效的改善。

极限设计思想已经在一些工业领域中得到了应用，它已经是某些专用机械和结构设计的常规。当然，如果载荷情况复杂，例如高超静定结构的载荷情况，分析工作还是很繁杂、费力的。这已经属于结构力学或结构优化设计领域了。

6.4 复合材料力学

现代意义上的复合材料大体应从 21 世纪 40 年代使用的玻璃纤维增强塑料算起。自从 60 年代高性能的碳纤维、硼纤维复合材料出现以来，复合材料日益得到了广泛的应用，目前已涉及许多工业领域，如航空、宇航、化工、机械、轻工等，而且许多复合材料已用于制作主要的承力构件，有些类型的飞机的 70% ~ 80% 的结构由复合材料制成。

复合材料的主要特点是力学性能突出。复合材料的比强度、比模量高（例如钢的比强度

为 0.13,铝的比强度为 0.17,而复合材料的比强度为 0.6~1,有些复合材料的比强度甚至在 1 以上;钢的比模量为 0.27,铝的比模量为 0.26,而复合材料的比模量可达 1~1.5),抗疲劳性能、减振性能、破损安全性能及高温性能好,再加上成型工艺性好等特点,复合材料的应用范围和深度都日益增加,前景良好。有预言断定,21 世纪将进入复合材料的时代。

复合材料由强度很高的细或超细纤维和基体材料,如环氧树脂等复合而成。由于纤维和基体的性质差别较大,纤维在基体内的配置也有许多变化,因此复合材料通常为各向异性的非均质体。这与材料力学所处理的材料被基本假定是均质、各向同性的有很大差别,造成了复合材料力学性能方面的复杂和特异。但在其他方面,如线性、弹性等,复合材料仍具有材料力学中的特征,因此许多分析方法,如叠加法、截面法以及应力应变分析的原则仍然可以使用。

实际上复合材料本身就是一种结构,一种由纤维和基体材料组成的层合形式的结构。复合材料结构的基本单元是层合板。每一层内由纤维和基体合成的单层称为铺层。若同一种铺层都处于同一方向,则称这种层合板为单向层合板。本节以单向层合板为基础介绍复合材料的力学性能和强度特性。

从弹性性能方面来看,单向层合板有四个独立的工程弹性常数,即纵向弹性模量 E_L、横向弹性模量 E_T、纵向泊松比 μ_{TL}(或横向泊松比 μ_{LT})及面内切变模量 G_{LT},它们都可以通过试验测定。表 6-1 为两种复合材料的工程弹性常数。

表 6-1　两种复合材料的工程弹性常数

材　　料	E_L/GPa	E_T/GPa	G_{LT}/GPa	μ_{TL}
碳 / 环氧	98.07	8.83	5.20	0.31
玻璃 / 环氧	38.60	8.27	4.14	0.26

复合材料的力学性能与材料力学中的材料的力学性能有许多不同之处,例如一种外力能使复合材料产生多种基本变形。在材料力学中的单向拉伸的受力形式下,复合材料会产生拉伸和剪切两种变形,即拉剪耦合;在材料力学中的纯弯曲的受力形式下,复合材料会产生弯扭耦合。复合材料还会产生四种基本变形的耦合,有时甚至会有负的泊松比出现,即纵向伸长的同时,横向也伸长。

在应力应变关系上,单向层合板的平面问题中同样有三个应力分量 $\boldsymbol{\sigma}_1$,$\boldsymbol{\sigma}_2$,τ_{12} 和三个应变分量 ε_1,ε_2,γ_{12},其中脚标 1、2 表示主方向。在线弹性情况下,纵向上有

$$\begin{cases} \varepsilon_1^{(1)} = \dfrac{1}{E_L}\sigma_1 \\[2mm] \varepsilon_2^{(1)} = -\mu_{TL}\varepsilon_1^{(1)} = -\dfrac{\mu_{TL}}{E_L}\sigma_1 \end{cases} \tag{6-19}$$

式中,$\varepsilon_1^{(1)}$ 为由 $\boldsymbol{\sigma}_1$ 引起的纵向应变,$\varepsilon_2^{(1)}$ 为由 $\boldsymbol{\sigma}_1$ 引起的横向应变。

类似地,横向上有

$$\begin{cases} \varepsilon_2^{(2)} = \dfrac{1}{E_T}\sigma_2 \\[2mm] \varepsilon_1^{(2)} = -\mu_{LT}\varepsilon_2^{(2)} = -\dfrac{\mu_{LT}}{E_T}\sigma_2 \end{cases} \tag{6-20}$$

式中,$\varepsilon_2^{(2)}$ 为由 $\boldsymbol{\sigma}_2$ 引起的横向应变,$\varepsilon_1^{(2)}$ 为由 $\boldsymbol{\sigma}_2$ 引起的纵向应变。

在剪切情况下,有

$$\begin{cases} \varepsilon_1 = \dfrac{1}{E_L}\sigma_1 - \dfrac{\mu_{LT}}{E_T}\sigma_2 \\[2mm] \varepsilon_2 = \dfrac{1}{E_T}\sigma_2 - \dfrac{\mu_{TL}}{E_L}\sigma_1 \\[2mm] \gamma_{12} = \dfrac{1}{G_{LT}}\tau_{12} \end{cases} \tag{6-21}$$

将上述各式综合起来并写成矩阵形式,则复合材料单向层合板的应力应变关系为

$$\begin{pmatrix} \varepsilon_1 \\ \varepsilon_2 \\ \gamma_{12} \end{pmatrix} = \begin{pmatrix} 1/E_L & -\mu_{LT}/E_T & 0 \\ -\mu_{TL}/E_L & 1/E_T & 0 \\ 0 & 0 & 1/G_{LT} \end{pmatrix} \begin{pmatrix} \sigma_1 \\ \sigma_2 \\ \tau_{12} \end{pmatrix} \tag{6-22}$$

复合材料的强度问题包括强度指标和失效判据两个方面。强度指标不像在材料力学中那样仅有一个(如屈服极限 σ_s 或抗拉强度 σ_b),而是有五个,即纵向抗拉强度 X_t、纵向抗压强度 X_c、横向抗拉强度 Y_t、横向抗压强度 Y_c 及面内抗剪强度 S,它们和材料力学中的一样,也是表示某种条件下的极限应力,由试验确定。表 6-2 为两种复合材料的强度指标。

表 6-2　两种复合材料的强度指标

材　　料	X_t	X_c	Y_t	Y_c	S
碳 / 环氧	1 128	785	27.5	98.1	44.7
玻璃 / 环氧	1 062	610	31.0	118.0	72.0

因此,复合材料一般有九个工程常数。在少数情况下,有

$$X_t = X_c = X(\text{纵向强度})$$
$$Y_t = Y_c = Y(\text{横向强度})$$

此时强度指标的数量变为三个。

类比于材料力学中的强度理论,复合材料也有四个失效判据。

1. 最大应力失效判据

不论什么状态下,当单向层合板正轴向的任一应力分量达到极限应力时,材料即失效,于是有

$$\begin{cases} \sigma_1 = X_t(\text{压缩时}, |\sigma_1| = X_c) \\ \sigma_2 = Y_t(\text{压缩时}, |\sigma_2| = Y_c) \\ |\tau_{12}| = S \end{cases} \tag{6-23}$$

习惯上这里不用"≥"的记号,但意义是类似的,即上式中的左边项大于或等于极限应力时,材料失效,小于极限应力时,材料不失效。该失效判据是三个各自独立的判据。

2. 最大应变失效判据

$$\begin{cases} \varepsilon_1 = \varepsilon_{X_t}(\text{压缩时}, |\varepsilon_1| = \varepsilon_{X_c}) \\ \varepsilon_2 = \varepsilon_{Y_t}(\text{压缩时}, |\varepsilon_2| = \varepsilon_{Y_c}) \\ |\gamma_{12}| = \gamma_s \end{cases} \tag{6-24}$$

上式也可以转换成用应力表示的形式,即

$$\begin{cases} \sigma_1 - \mu_{TL}\sigma_2 = X_t(|\sigma_1 - \mu_{TL}\sigma_2| = X_c) \\ \sigma_2 - \mu_{LT}\sigma_1 = Y_t(|\sigma_2 - \mu_{LT}\sigma_1| = Y_c) \\ |\tau_{12}| = S \end{cases} \tag{6-25}$$

3. Tsai-Hill 失效判据

从类似于强度理论中的 Mises 判据出发，推导出在平面应力状态下的失效判据表达式为

$$\left(\frac{\sigma_1}{X}\right)^2 + \left(\frac{\sigma_2}{Y}\right)^2 - \frac{\sigma_1 \sigma_2}{X^2} + \left(\frac{\tau_{12}}{S}\right)^2 = 1 \tag{6-26}$$

式中的强度指标根据具体受力情况选用拉伸值或压缩值。该失效判据表达式将三个独立的判据用一个式子联系起来。

4. Tsai-Wu 失效判据

Tsai-Wu 失效判据的一般表达式为

$$F_{ij}\sigma_i\sigma_j + F_i\sigma_i = 1 \quad (i,j = 1,2,6) \tag{6-27}$$

式 (6-27) 的展开式比较复杂。式中，F_{ij} 和 F_i 为应力空间的强度参数。对于平面应力情况，经过化简后的失效判据表达式为

$$F_{11}\sigma_1^2 + 2F_{12}\sigma_1\sigma_2 + F_{22}\sigma_2^2 + F_{66}\sigma_6^2 + F_1\sigma_1 + F_2\sigma_2 = 1 \tag{6-28}$$

式中，σ 为广义应力（σ_6 即代表 τ_{12}）。这六个强度参数由试验确定。表 6-3 为两种复合材料的六个强度参数。

表 6-3　两种复合材料的六个强度参数

材　料	$F_{11}/(\text{GPa})^{-2}$	$F_{22}/(\text{GPa})^{-2}$	$F_{12}/(\text{GPa})^{-2}$	$F_{66}/(\text{GPa})^{-2}$	$F_1/(\text{GPa})^{-1}$	$F_2/(\text{GPa})^{-1}$
碳／环氧	1.129	370.7	−10.23	500.5	−0.387	26.17
玻璃／环氧	1.543	273.3	−10.27	192.9	−0.697	23.78

有了这些资料，就可以解决诸如强度校核、确定允许工作应力或工作载荷等强度问题。

在复合材料结构设计中，刚度要求很突出，它有一整套的计算和校核方法。另外，多向层合板的强度、刚度问题，三维复合材料结构分析问题，复合材料的疲劳、断裂问题等都很重要，也很复杂，这些都属于复合材料力学的内容。

附录 A 型 钢 表

热轧等边角钢(GB/T 706—2008)

b—边宽度；d—边厚度；

r—内圆弧半径；r_1—边端内圆弧半径；

r_2—边端外圆圆弧半径；r_0—顶端圆圆弧半径；

I—惯性矩；i—惯性半径；

W—截面系数；Z_0—重心距离。

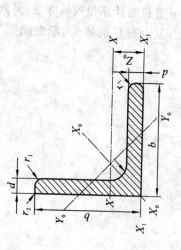

1. 热轧等边角钢截面尺寸、截面面积、理论重量及参考数值

型号	截面尺寸/mm			截面面积 /cm²	理论重量 /(kg/m)	外表面积 /(m²/m)	参考数据											
							$X-X$			X_0-X_0			Y_0-Y_0			X_1-X_1	Z_0	
	b	d	r				I_x /cm⁴	i_x /cm	W_x /cm³	I_{x0} /cm⁴	i_{x0} /cm	W_{x0} /cm³	I_{y0} /cm⁴	i_{y0} /cm	W_{y0} /cm³	I_{x1} /cm⁴	/cm
2	20	3	3.5	1.132	0.889	0.078	0.40	0.59	0.29	0.63	0.75	0.45	0.17	0.39	0.20	0.81	0.60
		4		1.459	1.145	0.077	0.50	0.58	0.36	0.78	0.73	0.55	0.22	0.38	0.24	1.09	0.64
2.5	25	3		1.432	1.124	0.098	0.82	0.76	0.46	1.29	0.95	0.73	0.34	0.49	0.33	1.57	0.73
		4		1.859	1.459	0.097	1.03	0.74	0.59	1.62	0.93	0.92	0.43	0.48	0.40	2.11	0.76
3	30	3		1.749	1.373	0.117	1.46	0.91	0.68	2.31	1.15	1.09	0.61	0.59	0.51	2.71	0.85
		4	4.5	2.276	1.786	0.117	1.84	0.90	0.87	2.92	1.13	1.37	0.77	0.58	0.62	3.63	0.89
3.6	36	3		2.109	1.656	0.141	2.58	1.11	0.99	4.09	1.39	1.61	1.07	0.71	0.76	4.68	1.00
		4		2.756	2.163	0.141	3.29	1.09	1.28	5.22	1.38	2.05	1.37	0.70	0.93	6.25	1.04
		5		3.382	2.654	0.141	3.95	1.08	1.56	6.24	1.36	2.45	1.65	0.70	1.00	7.84	1.07

型号	截面尺寸/mm			截面面积/cm²	理论重量/(kg/m)	外表面积/(m²/m)	参考数据										
							$X-X$			X_0-X_0			Y_0-Y_0			X_1-X_1	Z_0
型 号	b	d	r				I_x/cm⁴	i_x/cm	W_x/cm³	I_{X0}/cm⁴	i_{X0}/cm	W_{X0}/cm³	I_{Y0}/cm⁴	i_{Y0}/cm	W_{Y0}/cm³	I_{X1}/cm⁴	/cm
4	40	3	5	2.359	1.852	0.157	3.59	1.23	1.23	5.69	1.55	2.01	1.49	0.79	0.96	6.41	1.09
		4		3.086	2.422	0.157	4.60	1.22	1.60	7.29	1.54	2.58	1.91	0.79	1.19	8.56	1.13
		5		3.791	2.976	0.156	5.53	1.21	1.96	8.76	1.52	3.10	2.30	0.78	1.39	10.74	1.17
4.5	45	3	5	2.659	2.088	0.177	5.17	1.40	1.58	8.20	1.76	2.58	2.14	0.89	1.24	9.12	1.22
		4		3.486	2.736	0.177	6.65	1.38	2.05	10.56	1.74	3.32	2.75	0.89	1.54	12.18	1.26
		5		4.292	3.369	0.176	8.04	1.37	2.51	12.74	1.72	4.00	3.33	0.88	1.81	15.25	1.30
		6		5.076	3.985	0.176	9.33	1.36	2.95	14.76	1.70	4.64	3.89	0.88	2.06	18.36	1.33
5	50	3	5.5	2.971	2.332	0.197	7.18	1.55	1.96	11.37	1.96	3.22	2.98	1.00	1.57	12.50	1.34
		4		3.897	3.059	0.197	9.26	1.54	2.56	14.70	1.94	4.16	3.82	0.99	1.96	16.69	1.38
		5		4.803	3.770	0.196	11.21	1.53	3.13	17.79	1.92	5.03	4.64	0.98	2.31	20.90	1.42
		6		5.688	4.465	0.196	13.05	1.52	3.68	20.68	1.91	5.85	5.42	0.98	2.63	25.14	1.46
5.6	56	3	6	3.343	2.624	0.221	10.19	1.75	2.48	16.14	2.20	4.08	4.24	1.13	2.02	17.56	1.48
		4		4.390	3.446	0.220	13.18	1.73	3.24	20.92	2.18	5.28	5.46	1.11	2.52	23.43	1.53
		5		5.415	4.251	0.220	16.02	1.72	3.97	25.42	2.17	6.42	6.61	1.10	2.98	29.33	1.57
		6		6.420	5.040	0.220	18.69	1.71	4.68	29.66	2.15	7.49	7.73	1.10	3.40	35.26	1.61
		7		7.404	5.812	0.219	21.23	1.69	5.36	33.63	2.13	8.49	8.82	1.09	3.80	41.23	1.64
		8		8.367	6.568	0.219	23.63	1.68	6.03	37.37	2.11	9.44	9.89	1.09	4.16	47.24	1.68
6	60	5	6.5	5.829	4.576	0.236	19.89	1.85	4.59	31.57	2.33	7.44	8.21	1.19	3.48	36.05	1.67
		6		6.914	5.427	0.235	23.25	1.83	5.41	36.89	2.31	8.70	9.60	1.18	3.98	43.33	1.70
		7		7.977	6.262	0.235	26.44	1.82	6.21	41.92	2.29	9.88	10.96	1.17	4.45	50.65	1.74
		8		9.020	7.081	0.235	29.47	1.81	6.98	46.66	2.27	11.00	12.28	1.17	4.88	58.02	1.78
6.3	63	4	7	4.978	3.907	0.248	19.03	1.96	4.13	30.17	2.46	6.78	7.89	1.26	3.29	33.35	1.70
		5		6.143	4.822	0.248	23.17	1.94	5.08	36.77	2.45	8.25	9.57	1.25	3.90	41.73	1.74
		6		7.288	5.721	0.247	27.12	1.93	6.00	43.03	2.43	9.66	11.20	1.24	4.46	50.14	1.78
		7		8.412	6.603	0.247	30.87	1.92	6.88	48.96	2.41	10.99	12.79	1.23	4.98	58.60	1.82
		8		9.515	7.469	0.247	34.46	1.90	7.75	54.56	2.40	12.25	14.33	1.23	5.47	67.11	1.85
		10		11.657	9.151	0.246	41.09	1.88	9.39	64.85	2.36	14.56	17.33	1.22	6.36	84.31	1.93

续表

型号	截面尺寸/mm			截面面积/cm²	理论重量/(kg/m)	外表面积/(m²/m)	参考数据											
							X—X			X₀—X₀			Y₀—Y₀			X₁—X₁	Z₀
	b	d	r				I_x /cm⁴	i_x /cm	W_x /cm³	I_{x0} /cm⁴	i_{x0} /cm	W_{x0} /cm³	I_{Y0} /cm⁴	i_{Y0} /cm	W_{Y0} /cm³	I_{X1} /cm⁴	/cm
7	70	4	8	5.570	4.372	0.275	26.39	2.18	5.14	41.80	2.74	8.44	10.99	1.40	4.17	45.74	1.86
		5		6.875	5.397	0.275	32.21	2.16	6.32	51.08	2.73	10.32	13.31	1.39	4.95	57.21	1.91
		6		8.160	6.406	0.275	37.77	2.15	7.48	59.93	2.71	12.11	15.61	1.38	5.67	68.73	1.95
		7		9.424	7.398	0.275	43.09	2.14	8.59	68.35	2.69	13.81	17.82	1.38	6.34	80.29	1.99
		8		10.667	8.373	0.274	48.17	2.12	9.68	76.37	2.68	15.43	19.98	1.37	6.98	91.92	2.03
7.5	75	5	9	7.412	5.818	0.295	39.97	2.33	7.32	63.30	2.92	11.94	16.63	1.50	5.77	70.56	2.04
		6		8.797	6.905	0.294	46.95	2.31	8.64	74.38	2.90	14.02	19.51	1.49	6.67	84.55	2.07
		7		10.160	7.976	0.294	53.57	2.30	9.93	84.96	2.89	16.02	22.18	1.48	7.44	98.71	2.11
		8		11.503	9.030	0.294	59.96	2.28	11.20	95.07	2.88	17.93	24.86	1.47	8.19	112.97	2.15
		9		12.825	10.068	0.294	66.10	2.27	12.43	104.71	2.86	19.75	27.48	1.46	8.89	127.30	2.18
		10		14.126	11.089	0.293	71.98	2.26	13.64	113.92	2.84	21.48	30.05	1.46	9.56	141.71	2.22
8	80	5	9	7.912	6.211	0.315	48.79	2.48	8.34	77.33	3.13	13.67	20.25	1.60	6.66	85.36	2.15
		6		9.397	7.376	0.314	57.35	2.47	9.87	90.98	3.11	16.08	23.72	1.59	7.65	102.50	2.19
		7		10.860	8.525	0.314	65.58	2.46	11.37	104.07	3.10	18.40	27.09	1.58	8.58	119.70	2.23
		8		12.303	9.658	0.314	73.49	2.44	12.83	116.60	3.08	20.61	30.29	1.57	9.46	136.97	2.27
		9		13.725	10.774	0.314	81.11	2.43	14.25	128.60	3.06	22.73	33.61	1.56	10.29	154.31	2.31
		10		15.126	11.874	0.313	88.43	2.42	15.64	140.09	3.04	24.76	36.77	1.56	11.08	171.74	2.35
9	90	6	10	10.637	8.350	0.354	82.77	2.79	12.61	131.26	3.51	20.63	34.28	1.80	9.95	145.87	2.44
		7		12.301	9.656	0.354	94.83	2.78	14.54	150.47	3.50	23.64	39.18	1.78	11.19	170.30	2.48
		8		13.944	10.946	0.353	106.47	2.76	16.42	168.97	3.48	26.55	43.97	1.78	12.35	194.80	2.52
		9		15.566	12.219	0.353	117.72	2.75	18.27	186.77	3.46	29.35	48.66	1.77	13.46	219.39	2.56
		10		17.167	13.476	0.353	128.58	2.74	20.07	203.90	3.45	32.04	53.26	1.76	14.52	244.07	2.59
		12		20.306	15.940	0.352	149.22	2.71	23.57	236.21	3.41	37.12	62.22	1.75	16.49	293.76	2.67

| 型号 | 截面尺寸/mm | | | 截面面积 /cm² | 理论重量 /(kg/m) | 外表面积 /(m²/m) | X—X | | | X₀—X₀ | | | Y₀—Y₀ | | | X₁—X₁ | Z₀ /cm |
	b	d	r				I_x /cm⁴	i_x /cm	W_x /cm³	I_{x0} /cm⁴	i_{x0} /cm	W_{x0} /cm³	I_{y0} /cm⁴	i_{y0} /cm	W_{y0} /cm³	I_{x1} /cm⁴	
10	100	6	12	11.932	9.366	0.393	114.95	3.10	15.68	181.98	3.90	25.74	47.92	2.00	12.69	200.07	2.67
		7		13.796	10.830	0.393	131.86	3.09	18.10	208.97	3.89	29.55	54.74	1.99	14.26	233.54	2.71
		8		15.638	12.276	0.393	148.24	3.08	20.47	235.07	3.88	33.24	61.41	1.98	15.75	267.09	2.76
		9		17.462	13.708	0.392	164.12	3.07	22.79	260.30	3.86	36.81	67.95	1.97	17.18	300.73	2.80
		10		19.261	15.120	0.392	179.51	3.05	25.06	284.68	3.84	40.26	74.35	1.96	18.54	334.48	2.84
		12		22.800	17.898	0.391	208.90	3.03	29.48	330.95	3.81	46.80	86.84	1.95	21.08	402.34	2.91
		14		26.256	20.611	0.391	236.53	3.00	33.73	374.06	3.77	52.90	99.00	1.94	23.44	470.75	2.99
		16		29.627	23.257	0.390	262.53	2.98	37.82	414.16	3.74	58.57	110.89	1.94	25.63	539.80	3.06
11	110	7	12	15.196	11.928	0.433	177.16	3.41	22.05	280.94	4.30	36.12	73.38	2.20	17.51	310.64	2.96
		8		17.238	13.532	0.433	199.46	3.40	24.95	316.49	4.28	40.69	82.42	2.19	19.39	355.20	3.01
		10		21.261	16.690	0.432	242.19	3.38	30.60	384.39	4.25	49.42	99.98	2.17	22.91	444.65	3.09
		12		25.200	19.782	0.431	282.55	3.35	36.05	448.17	4.22	57.62	116.93	2.15	26.15	534.60	3.16
		14	14	29.056	22.809	0.431	320.71	3.32	41.31	508.01	4.18	65.31	133.40	2.14	29.14	625.16	3.24
12.5	125	8		19.750	15.504	0.492	297.03	3.88	32.52	470.89	4.88	53.28	123.16	2.50	25.86	521.01	3.37
		10		24.373	19.133	0.491	361.67	3.85	39.97	573.89	4.85	64.93	149.46	2.48	30.62	651.93	3.45
		12		28.912	22.696	0.491	423.16	3.83	47.17	671.44	4.82	75.96	174.88	2.46	35.03	783.42	3.53
		14		33.367	26.193	0.490	481.65	3.80	54.16	763.73	4.78	86.41	199.57	2.45	39.13	915.61	3.61
		16		37.739	29.625	0.489	537.31	3.77	60.93	850.98	4.75	96.28	223.65	2.43	42.96	1 048.62	3.68
14	140	10	14	27.373	21.488	0.551	514.65	4.34	50.58	817.27	5.46	82.56	212.04	2.78	39.20	915.11	3.82
		12		32.512	25.522	0.551	603.68	4.31	59.80	958.79	5.43	96.85	248.57	2.76	45.02	1 099.28	3.90
		14		37.567	29.490	0.550	688.81	4.28	68.75	1 093.56	5.40	110.47	284.06	2.75	50.45	1 284.22	3.98
		16		42.539	33.393	0.549	770.24	4.26	77.46	1 221.81	5.36	123.42	318.67	2.74	55.55	1 470.07	4.06

参考数据

续表

型号	截面尺寸/mm			截面面积/cm²	理论重量/(kg/m)	外表面积/(m²/m)	参考数据											
	b	d	r				X—X			X₀—X₀			Y₀—Y₀			X₁—X₁	Z₀/cm
							I_x/cm⁴	i_x/cm	W_x/cm³	I_{x0}/cm⁴	i_{x0}/cm	W_{x0}/cm³	I_{y0}/cm⁴	i_{y0}/cm	W_{y0}/cm³	I_{x1}/cm⁴	
15	150	8	14	23.750	18.644	0.592	521.37	4.69	47.36	827.49	5.90	78.02	215.25	3.01	38.14	899.55	3.99
		10		29.372	23.058	0.591	637.50	4.66	58.35	1 012.79	5.87	95.49	262.21	2.99	45.51	1 125.09	4.08
		12		34.912	27.406	0.591	748.85	4.63	69.04	1 189.97	5.84	112.19	307.73	2.97	52.38	1 351.26	4.15
		14		40.367	31.688	0.590	855.64	4.60	79.45	1 359.30	5.80	128.16	351.98	2.95	58.83	1 578.25	4.23
		15		43.063	33.804	0.590	907.39	4.59	84.56	1 441.09	5.78	135.87	373.69	2.95	61.90	1 692.10	4.27
		16		45.739	35.905	0.589	958.08	4.58	89.59	1 521.02	5.77	143.40	395.14	2.94	64.89	1 806.21	4.31
16	160	10	16	31.502	24.729	0.630	779.53	4.98	66.70	1 237.30	6.27	109.36	321.76	3.20	52.76	1 365.33	4.31
		12		37.441	29.391	0.630	916.58	4.95	78.98	1 455.68	6.24	128.67	377.49	3.18	60.74	1 639.57	4.39
		14		43.296	33.987	0.629	1 048.36	4.92	90.95	1 665.02	6.20	147.17	431.70	3.16	68.24	1 914.68	4.47
		16		49.067	38.518	0.629	1 175.08	4.89	102.63	1 865.57	6.17	164.89	484.59	3.14	75.31	2 190.82	4.55
18	180	12	16	42.241	33.159	0.710	1 321.35	5.59	100.82	2 100.10	7.05	165.00	542.61	3.58	78.41	2 332.80	4.89
		14		48.896	38.383	0.709	1 514.48	5.56	116.25	2 407.42	7.02	189.14	621.53	3.56	88.38	2 723.48	4.97
		16		55.467	43.542	0.709	1 700.99	5.54	131.13	2 703.37	6.98	212.40	698.60	3.55	97.83	3 115.29	5.05
		18		61.955	48.634	0.708	1 875.12	5.50	145.64	2 988.24	6.94	234.78	762.01	3.51	105.14	3 502.43	5.13
20	200	14	18	54.642	42.894	0.788	2 103.55	6.20	144.70	3 343.26	7.82	236.40	863.83	3.98	111.82	3 734.10	5.46
		16		62.013	48.680	0.788	2 366.15	6.18	163.65	3 760.89	7.79	265.93	971.41	3.96	123.96	4 270.39	5.54
		18		69.301	54.401	0.787	2 620.64	6.15	182.22	4 164.54	7.75	294.48	1 076.74	3.94	135.52	4 808.13	5.62
		20		76.505	60.056	0.787	2 867.30	6.12	200.42	4 554.55	7.72	322.06	1 180.04	3.93	146.55	5 347.51	5.69
		24		90.661	71.168	0.785	3 338.25	6.07	236.17	5 294.97	7.64	374.41	1 381.53	3.90	166.55	6 457.16	5.87

注：截面图中的 $r_1 = d/3$ 及表中 r 的数据用于孔型设计，不做交货条件。

2. 角钢截面的边宽、边厚允许偏差

型号	边宽 b/mm	边厚 d/mm
2~5.6	±0.8	±0.4
6~9	±1.2	±0.6
10~14	±1.8	±0.7
15~20	±2.5	±1.0

3. 角钢通常供应长度

型号	长度/m
2~9	4~12
10~14	4~19
15~20	6~19

热轧不等边角钢（GB/T 706—2008）

B—长边宽度；b—短边宽度；
d—边厚度；r—内圆弧半径；
r_1—边端内圆弧半径；I—惯性矩；
i—惯性半径；W—截面系数；
X_0—重心距离；Y_0—重心距离。

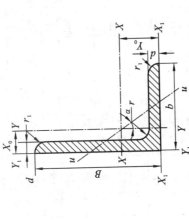

1. 热轧不等边角钢截面尺寸、截面积、理论重量及参考数值

型号	截面尺寸/mm B	b	d	r	截面面积 /cm²	理论重量 /(kg/m)	外表面积 /(m²/m)	$X-X$ I_X /cm⁴	i_X /cm	W_X /cm³	$Y-Y$ I_Y /cm⁴	i_Y /cm	W_Y /cm³	X_1-X_1 I_{X1} /cm⁴	Y_0 /cm	Y_1-Y_1 I_{Y1} /cm⁴	X_0 /cm	$u-u$ I_u /cm⁴	i_u /cm	W_u /cm³	$\tan\alpha$
2.5/1.6	25	16	3	3.5	1.162	0.912	0.080	0.70	0.78	0.43	0.22	0.44	0.19	1.56	0.86	0.43	0.42	0.14	0.34	0.16	0.392
			4		1.499	1.176	0.079	0.88	0.77	0.55	0.27	0.43	0.24	2.09	0.90	0.59	0.46	0.17	0.34	0.20	0.381
3.2/2	32	20	3		1.492	1.171	0.102	1.53	1.01	0.72	0.46	0.55	0.30	3.27	1.08	0.82	0.49	0.28	0.43	0.25	0.382
			4		1.939	1.522	0.101	1.93	1.00	0.93	0.57	0.54	0.39	4.37	1.12	1.12	0.53	0.35	0.42	0.32	0.374

续表

型号	截面尺寸/mm				截面面积 /cm²	理论重量 /(kg/m)	外表面积 /(m²/m)	参考数值													
								X—X			Y—Y			X₁—X₁		Y₁—Y₁		u—u			
	B	b	d	r				I_x /cm⁴	i_x /cm	W_x /cm³	I_y /cm⁴	i_y /cm	W_y /cm³	I_{X1} /cm⁴	Y_0 /cm	I_{Y1} /cm⁴	X_0 /cm	I_u /cm⁴	i_u /cm	W_u /cm³	tanα
4/2.5	40	25	3	4	1.890	1.484	0.127	3.08	1.28	1.15	0.93	0.70	0.49	5.39	1.32	1.59	0.59	0.56	0.54	0.40	0.385
			4		2.467	1.936	0.127	3.93	1.36	1.49	1.18	0.69	0.63	8.53	1.37	2.14	0.63	0.71	0.54	0.52	0.381
4.5/2.8	45	28	3	5	2.149	1.687	0.143	4.45	1.44	1.47	1.34	0.79	0.62	9.10	1.47	2.23	0.64	0.80	0.61	0.51	0.383
			4		2.806	2.203	0.143	5.69	1.42	1.91	1.70	0.78	0.80	12.13	1.51	3.00	0.68	1.02	0.60	0.66	0.380
5/3.2	50	32	3	5.5	2.431	1.908	0.161	6.24	1.60	1.84	2.02	0.91	0.82	12.49	1.60	3.31	0.73	1.20	0.70	0.68	0.404
			4		3.177	2.494	0.160	8.02	1.59	2.39	2.58	0.90	1.06	16.65	1.65	4.45	0.77	1.53	0.69	0.87	0.402
5.6/3.6	56	36	3	6	2.743	2.153	0.181	8.88	1.80	2.32	2.92	1.03	1.05	17.54	1.78	4.70	0.80	1.73	0.79	0.87	0.408
			4		3.590	2.818	0.180	11.45	1.79	3.03	3.76	1.02	1.37	23.39	1.82	6.33	0.85	2.23	0.79	1.13	0.404
			5		4.415	3.466	0.180	13.86	1.77	3.71	4.49	1.01	1.65	29.25	1.87	7.94	0.88	2.67	0.78	1.36	0.398
6.3/4	63	40	4	7	4.058	3.185	0.202	16.49	2.02	3.87	5.23	1.14	1.70	33.30	2.04	8.63	0.92	3.12	0.88	1.40	0.396
			5		4.993	3.920	0.202	20.02	2.00	4.74	6.31	1.12	2.07	41.63	2.08	10.86	0.95	3.76	0.87	1.71	0.393
			6		5.908	4.638	0.201	23.36	1.96	5.59	7.29	1.11	2.43	49.98	2.12	13.12	0.99	4.34	0.86	1.99	0.389
			7		6.802	5.339	0.201	26.53	1.98	6.40	8.24	1.10	2.78	58.07	2.15	15.47	1.03	4.97	0.86	2.29	0.389
7/4.5	70	45	4	7.5	4.547	3.570	0.226	23.17	2.26	4.86	7.55	1.29	2.17	45.92	2.24	12.26	1.02	4.40	0.98	1.77	0.410
			5		5.609	4.403	0.225	27.95	2.23	5.92	9.13	1.28	2.65	57.10	2.28	15.39	1.06	5.40	0.98	2.19	0.407
			6		6.647	5.218	0.225	32.54	2.21	6.95	10.62	1.26	3.12	68.35	2.32	18.58	1.09	6.35	0.98	2.59	0.404
			7		7.657	6.011	0.225	37.22	2.20	8.03	12.01	1.25	3.57	79.99	2.36	21.84	1.13	7.16	0.97	2.94	0.402
7.5/5	75	50	5	8	6.125	4.808	0.245	34.86	2.39	6.83	12.61	1.44	3.30	70.00	2.40	21.04	1.17	7.41	1.10	2.74	0.435
			6		7.260	5.699	0.245	41.12	2.38	8.12	14.70	1.42	3.88	84.30	2.44	25.37	1.21	8.54	1.08	3.19	0.435
			8		9.467	7.431	0.244	52.39	2.35	10.52	18.53	1.40	4.99	112.50	2.52	34.23	1.29	10.87	1.07	4.10	0.429
			10		11.590	9.098	0.244	62.71	2.33	12.79	21.96	1.38	6.04	140.80	2.60	43.43	1.36	13.10	1.06	4.99	0.423
8/5	80	50	5	8	6.375	5.005	0.255	41.96	2.56	7.78	12.82	1.42	3.32	85.21	2.60	21.06	1.14	7.66	1.10	2.74	0.388
			6		7.560	5.935	0.255	49.49	2.56	9.25	14.95	1.41	3.91	102.53	2.65	25.41	1.18	8.85	1.08	3.20	0.387
			7		8.724	6.848	0.255	56.16	2.54	10.58	16.96	1.39	4.48	119.33	2.69	29.82	1.21	10.18	1.08	3.70	0.384
			8		9.867	7.745	0.254	62.83	2.52	11.92	18.85	1.38	5.03	136.41	2.73	34.32	1.25	11.38	1.07	4.16	0.381

型号	截面尺寸/mm				截面面积/cm²	理论重量/(kg/m)	外表面积/(m²/m)	参考数值														
								X-X			Y-Y			X_1-X_1		Y_1-Y_1		$u-u$			
	B	b	d	r				I_X /cm⁴	i_x /cm	W_X /cm³	I_Y /cm⁴	i_Y /cm	W_Y /cm³	I_{X1} /cm⁴	Y_0 /cm	I_{Y1} /cm⁴	X_0 /cm	I_u /cm⁴	i_u /cm	W_u /cm³	$\tan\alpha$
9/5.6	90	56	5	9	7.212	5.661	0.287	60.45	2.90	9.92	18.32	1.59	4.21	121.32	2.91	29.53	1.25	10.98	1.23	3.49	0.385
			6		8.557	6.717	0.286	71.03	2.88	11.74	21.42	1.58	4.96	145.59	2.95	35.58	1.29	12.90	1.23	4.13	0.384
			7		9.880	7.756	0.286	81.01	2.86	13.49	24.36	1.57	5.70	169.60	3.00	41.71	1.33	14.67	1.22	4.72	0.382
			8		11.183	8.779	0.286	91.03	2.85	15.27	27.15	1.56	6.41	194.17	3.04	47.93	1.36	16.34	1.21	5.29	0.380
10/6.3	100	63	6	10	9.617	7.550	0.320	99.06	3.21	14.64	30.94	1.79	6.35	199.71	3.24	50.50	1.43	18.42	1.38	5.25	0.394
			7		11.111	8.722	0.320	113.45	3.20	16.88	35.26	1.78	7.29	233.00	3.28	59.14	1.47	21.00	1.38	6.02	0.394
			8		12.534	9.878	0.319	127.37	3.18	19.08	39.39	1.77	8.21	266.32	3.32	67.88	1.50	23.50	1.37	6.78	0.391
			10		15.467	12.142	0.319	153.81	3.15	23.32	47.12	1.74	9.98	333.06	3.40	85.73	1.58	28.33	1.35	8.24	0.387
10/8	100	80	6	10	10.637	8.350	0.354	107.04	3.17	15.19	61.24	2.40	10.16	199.83	2.95	102.68	1.97	31.65	1.72	8.37	0.627
			7		12.301	9.656	0.354	122.73	3.16	17.52	70.08	2.39	11.71	233.20	3.00	119.98	2.01	36.17	1.72	9.60	0.626
			8		13.944	10.946	0.353	137.92	3.14	19.81	78.58	2.37	13.21	266.61	3.04	137.37	2.05	40.58	1.71	10.80	0.625
			10		17.167	13.476	0.353	166.87	3.12	24.24	94.65	2.35	16.12	333.63	3.12	172.48	2.13	49.10	1.69	13.12	0.622
11/7	110	70	6	10	10.637	8.350	0.354	133.37	3.54	17.85	42.92	2.01	7.90	265.78	3.53	69.08	1.57	25.36	1.54	6.53	0.403
			7		12.301	9.656	0.354	153.00	3.53	20.60	49.01	2.00	9.09	310.07	3.57	80.82	1.61	28.95	1.53	7.50	0.402
			8		13.944	10.946	0.353	172.04	3.51	23.30	54.87	1.98	10.25	354.39	3.62	92.70	1.65	32.45	1.53	8.45	0.401
			10		17.167	13.476	0.353	208.39	3.48	28.54	65.88	1.96	12.48	443.13	3.70	116.83	1.72	39.20	1.51	10.29	0.397
12.5/8	125	80	7	11	14.096	11.066	0.403	227.98	4.02	26.86	74.42	2.30	12.01	454.99	4.01	120.32	1.80	43.81	1.76	9.92	0.408
			8		15.989	12.551	0.403	256.77	4.01	30.41	83.49	2.28	13.56	519.99	4.06	137.85	1.84	49.15	1.75	11.18	0.407
			10		19.712	15.474	0.402	312.04	3.98	37.33	100.67	2.26	16.56	650.09	4.14	173.40	1.92	59.45	1.74	13.64	0.404
			12		23.351	18.330	0.402	364.41	3.95	44.01	116.67	2.24	19.43	780.39	4.22	209.67	2.00	69.35	1.72	16.01	0.400

续表

型号	截面尺寸/mm B	b	d	r	截面面积/cm²	理论重量/(kg/m)	外表面积/(m²/m)	X—X I_x/cm⁴	i_x/cm	W_x/cm³	Y—Y I_y/cm⁴	i_y/cm	W_y/cm³	X_1—X_1 I_{X1}/cm⁴	Y_0/cm	Y_1—Y_1 I_{Y1}/cm⁴	X_0/cm	u—u I_u/cm⁴	i_u/cm	W_u/cm³	tanα
14/9	140	90	8	12	18.038	14.160	0.453	365.64	4.50	38.48	120.69	2.59	17.34	730.53	4.50	195.79	2.04	70.83	1.98	14.31	0.411
			10		22.261	17.475	0.452	445.50	4.47	47.31	146.03	2.56	21.22	913.20	4.58	245.92	2.12	85.82	1.96	17.48	0.409
			12		26.400	20.724	0.451	521.59	4.44	55.87	169.79	2.54	24.95	1 096.09	4.66	296.89	2.19	100.21	1.95	20.54	0.406
			14		30.456	23.908	0.451	594.10	4.42	64.18	192.10	2.51	28.54	1 279.26	4.74	348.82	2.27	114.13	1.94	23.52	0.403
15/9	150	90	8	12	18.839	14.788	0.473	442.05	4.84	43.86	122.80	2.55	17.47	898.35	4.92	195.96	1.97	74.14	1.98	14.48	0.364
			10		23.261	18.260	0.472	539.24	4.81	53.97	148.62	2.53	21.38	1 122.85	5.01	246.26	2.05	89.86	1.97	17.69	0.362
			12		27.600	21.666	0.471	632.08	4.79	63.79	172.85	2.50	25.14	1 347.50	5.09	297.46	2.12	104.95	1.95	20.80	0.359
			14		31.856	25.007	0.471	720.77	4.76	73.33	195.62	2.48	28.77	1 572.38	5.17	349.74	2.20	119.53	1.94	23.84	0.356
			15		33.952	26.652	0.471	763.62	4.74	77.99	206.50	2.47	30.53	1 684.93	5.21	376.33	2.24	126.67	1.93	25.33	0.354
			16		36.027	28.281	0.470	805.51	4.73	82.60	217.07	2.45	32.27	1 797.55	5.25	403.24	2.27	133.72	1.93	26.82	0.352
16/10	160	100	10	13	25.315	19.872	0.512	668.69	5.14	62.13	205.03	2.85	26.56	1 362.89	5.24	336.59	2.28	121.74	2.19	21.92	0.390
			12		30.054	23.592	0.511	784.91	5.11	73.49	239.06	2.82	31.28	1 635.56	5.32	405.94	2.36	142.33	2.17	25.79	0.388
			14		34.709	27.247	0.510	896.30	5.08	84.56	271.20	2.80	35.83	1 908.50	5.40	476.42	2.43	162.23	2.16	29.56	0.385
			16		39.281	30.835	0.510	1 003.04	5.05	95.33	301.60	2.77	40.24	2 181.79	5.48	548.22	2.51	182.57	2.16	33.44	0.382
18/11	180	110	10	14	28.373	22.273	0.571	956.25	5.80	78.96	278.11	3.13	32.49	1 940.40	5.89	447.22	2.44	166.50	2.42	26.88	0.376
			12		33.712	26.464	0.571	1 124.72	5.78	93.53	325.03	3.10	38.32	2 328.38	5.98	538.94	2.52	194.87	2.40	31.66	0.374
			14		38.967	30.589	0.570	1 286.91	5.75	107.76	369.55	3.08	43.97	2 716.60	6.06	631.95	2.59	222.30	2.39	36.32	0.372
			16		44.139	34.649	0.569	1 443.06	5.72	121.64	411.85	3.06	49.44	3 105.15	6.14	726.46	2.67	248.94	2.38	40.87	0.369
20/12.5	200	125	12	14	37.912	29.761	0.641	1 570.90	6.44	116.73	483.16	3.57	49.99	3 193.85	6.54	787.74	2.83	285.79	2.74	41.23	0.392
			14		43.867	34.436	0.640	1 800.97	6.41	134.65	550.83	3.54	57.44	3 726.17	6.62	922.47	2.91	326.58	2.73	47.34	0.390
			16		49.739	39.045	0.639	2 023.35	6.38	152.18	615.44	3.52	64.69	4 258.86	6.70	1 058.86	2.99	366.21	2.71	53.32	0.388
			18		55.526	43.588	0.639	2 238.30	6.35	169.33	677.19	3.49	71.74	4 792.00	6.78	1 197.13	3.06	404.83	2.70	59.18	0.385

注：截面图中的 $r_1=d/3$ 及表中 r 的数据用于孔型设计，不做交货条件。

2. 角钢截面的边宽、边厚允许偏差

型号	边宽 b/mm	边厚 d/mm
2.5/1.6~5.6/3.6	±0.8	±0.4
6.3/4~9/5.6	±1.5	±0.6
10/6.3~14/9	±2.0	±0.7
16/10~20/12.5	±2.5	±1.0

3. 角钢通常供应长度

型号	长度/m
2.5/1.6~9/5.6	4~12
10/6.3~14/9	4~19
16/10~20/12.5	6~19

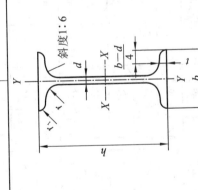

热轧工字钢（GB/T 706—2008）

h—高度；r_1—腿端圆弧半径；
b—腿宽度；I—惯性矩；
d—腰厚度；W—截面系数；
t—平均腿厚度；i—惯性半径；
r—内圆弧半径；S—半截面的静力矩。

1. 热轧工字钢截面尺寸、截面面积、理论重量及参考数值

型号	截面尺寸 /mm						截面面积 /cm²	理论重量 /(kg/m)	参考数值						
									X—X				Y—Y		
	h	b	d	t	r	r_1			I_X/cm^4	W_X/cm^3	i_X/cm	$I_X:S_X$	I_Y/cm^4	W_Y/cm^3	i_Y/cm
10	100	68	4.5	7.6	6.5	3.3	14.345	11.261	245	49	4.14	8.59	33.0	9.72	1.52
12	120	74	5.0	8.4	7.0	3.5	17.818	13.987	436	72.7	4.95	10.3	46.9	12.7	1.62
12.6	126	74	5.0	8.4	7.0	3.5	18.118	14.223	488	77.5	5.20	10.8	46.9	12.7	1.61

续表

型号	截面尺寸/mm						截面面积/cm²	理论重量/(kg/m)	参考数值							
									X－X					Y－Y		
	h	b	d	t	r	r_1			I_X/cm^4	W_X/cm^3	i_X/cm	$I_X:S_X$	I_Y/cm^4	W_Y/cm^3	i_Y/cm	
14	140	80	5.5	9.1	7.5	3.8	21.516	16.890	712	102	5.76	12.0	64.4	16.1	1.73	
16	160	88	6.0	9.9	8.0	4.0	26.131	20.513	1 130	141	6.58	13.8	93.1	21.2	1.89	
18	180	94	6.5	10.7	8.5	4.3	30.756	24.143	1 660	185	7.36	15.4	122	26.0	2.00	
20a	200	100	7.0	11.4	9.0	4.5	35.578	27.929	2 370	237	8.15	17.2	158	31.5	2.12	
20b	200	102	9.0	11.4	9.0	4.5	39.578	31.069	2 500	250	7.96	16.9	169	33.1	2.06	
22a	220	110	7.5	12.3	9.5	4.8	42.128	33.070	3 400	309	8.99	18.9	225	40.9	2.31	
22b	220	112	9.5	12.3	9.5	4.8	46.528	36.524	3 570	325	8.78	18.7	239	42.7	2.27	
24a	240	116	8.0	13.0	10.0	5.0	47.741	37.477	4 570	381	9.77	20.7	280	48.4	2.42	
24b	240	118	10.0	13.0	10.0	5.0	52.541	41.245	4 800	400	9.57	20.4	297	50.4	2.38	
25a	250	116	8.0	13.0	10.0	5.0	48.541	38.105	5 020	402	10.2	21.6	280	48.3	2.40	
25b	250	118	10.0	13.0	10.0	5.0	53.541	42.030	5 280	423	9.94	21.3	309	52.4	2.40	
27a	270	122	8.5	13.7	10.5	5.3	54.554	42.825	6 550	485	10.9	23.8	345	56.6	2.51	
27b	270	124	10.5	13.7	10.5	5.3	59.954	47.064	6 870	509	10.7	22.9	366	58.9	2.47	
28a	280	122	8.5	13.7	10.5	5.3	55.404	43.492	7 110	508	11.3	24.6	345	56.6	2.50	
28b	280	124	10.5	13.7	10.5	5.3	61.004	47.888	7 480	534	11.1	24.2	379	61.2	2.49	
30a	300	126	9.0	14.4	11.0	5.5	61.254	48.084	8 950	597	12.1	25.7	400	63.5	2.55	
30b	300	128	11.0	14.4	11.0	5.5	67.254	52.794	9 400	627	11.8	25.4	422	65.9	2.50	
30c	300	130	13.0	14.4	11.0	5.5	73.254	57.504	9 850	657	11.6	25.0	445	68.5	2.46	

型号	截面尺寸/mm						截面面积/cm²	理论重量/(kg/m)	参考数值						
									X—X				Y—Y		
	h	b	d	t	r	r_1			I_X/cm⁴	W_X/cm³	i_X/cm	$I_X:S_X$	I_Y/cm⁴	W_Y/cm³	i_Y/cm
32a	320	130	9.5	15.0	11.5	5.8	67.156	52.717	11 100	692	12.8	27.5	460	70.8	2.62
32b	320	132	11.5	15.0	11.5	5.8	73.556	57.741	11 600	726	12.6	27.1	502	76.0	2.61
32c	320	134	13.5	15.0	11.5	5.8	79.956	62.765	12 200	760	12.3	26.8	544	81.2	2.61
36a	360	136	10.0	15.8	12.0	6.0	76.480	60.037	15 800	875	14.4	30.7	552	81.2	2.69
36b	360	138	12.0	15.8	12.0	6.0	83.680	65.689	16 500	919	14.1	30.3	582	84.3	2.64
36c	360	140	14.0	15.8	12.0	6.0	90.880	71.341	17 300	962	13.8	29.9	612	87.4	2.60
40a	400	142	10.5	16.5	12.5	6.3	86.112	67.598	21 700	1 090	15.9	34.1	660	93.2	2.77
40b	400	144	12.5	16.5	12.5	6.3	94.112	73.878	22 800	1 140	15.6	33.6	692	96.2	2.71
40c	400	146	14.5	16.5	12.5	6.3	102.112	80.158	23 900	1 190	15.2	33.2	727	99.6	2.65
45a	450	150	11.5	18.0	13.5	6.8	102.446	80.420	32 200	1 430	17.7	38.6	855	114	2.89
45b	450	152	13.5	18.0	13.5	6.8	111.446	87.485	33 800	1 500	17.4	38.0	894	118	2.84
45c	450	154	15.5	18.0	13.5	6.8	120.446	94.550	35 300	1 570	17.1	37.6	938	122	2.79
50a	500	158	12.0	20.0	14.0	7.0	119.304	93.654	46 500	1 860	19.7	42.8	1 120	142	3.07
50b	500	160	14.0	20.0	14.0	7.0	129.304	101.504	48 600	1 940	19.4	42.4	1 170	146	3.01
50c	500	162	16.0	20.0	14.0	7.0	139.304	109.354	50 600	2 080	19.0	41.8	1 220	151	2.96
55a	550	166	12.5	21.0	14.5	7.3	134.185	105.335	62 900	2 290	21.6	46.9	1 370	164	3.19
55b	550	168	14.5	21.0	14.5	7.3	145.185	113.970	65 600	2 390	21.2	46.4	1 420	170	3.14
55c	550	170	16.5	21.0	14.5	7.3	156.185	122.605	68 400	2 490	20.9	45.8	1 480	175	3.08

续表

型号	截面尺寸/mm						截面面积/cm²	理论重量/(kg/m)	参考数值						
									X—X				Y—Y		
	h	b	d	t	r	r_1			I_X/cm^4	W_X/cm^3	i_X/cm	$I_X:S_X$	I_Y/cm^4	W_Y/cm^3	i_Y/cm
56a	560	166	12.5	21.0	14.5	7.3	135.435	106.316	65 600	2 340	22.0	47.7	1 370	165	3.18
56b	560	168	14.5	21.0	14.5	7.3	146.635	115.108	68 500	2 450	21.6	47.2	1 490	174	3.16
56c	560	170	16.5	21.0	14.5	7.3	157.835	123.900	71 400	2 550	21.3	46.7	1 560	183	3.16
63a	630	176	13.0	22.0	15.0	7.5	154.658	121.407	93 900	2 980	24.5	54.2	1 700	193	3.31
63b	630	178	15.0	22.0	15.0	7.5	167.258	131.298	98 100	3 160	24.2	53.5	1 810	204	3.29
63c	630	180	17.0	22.0	15.0	7.5	179.858	141.189	102 000	3 300	23.8	52.9	1 920	214	3.27

2. 工字钢的截面尺寸允许偏差及通常供应长度

型号	10、12、12.6、14	16、18	20、22、24、25、27、28、30	32、36	40	45、50、55、56、63
高度 h/mm	±2.0	±2.5	±3.0			±4.0
腰宽度 b/mm	±2.0		±3.0	±3.5		±4.0
腰厚度 d/mm	±0.5		±0.7	±0.8		±0.9
弯腰挠度/mm	不应超过 $0.15d$					
通常供应长度/m	5～19		6～19			

热轧槽钢（GB/T 706—2008）

h—高度；r_1—腿端圆弧半径；
b—腿宽度；I—惯性矩；
d—腰厚度；W—截面系数；
t—平均腿厚度；i—惯性半径；Z_0—YY 轴与 Y_1Y_1 轴间距离。
r—内圆弧半径；

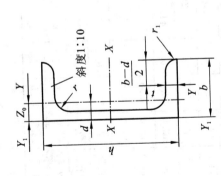

1. 热轧槽钢截面尺寸、截面面积、理论重量及参考数值

型号	截面尺寸/mm						截面面积 /cm²	理论重量 /(kg/m)	参考数值							
									X—X			Y—Y			Y_1—Y_1	Z_0 /cm
	h	b	d	t	r	r_1			W_X/cm³	I_X/cm⁴	i_X/cm	W_Y/cm³	I_Y/cm⁴	i_Y/cm	I_{Y1}/cm⁴	
5	50	37	4.5	7.0	7.0	3.5	6.928	5.438	10.4	26.0	1.94	3.55	8.3	1.10	20.9	1.35
6.3	63	40	4.8	7.5	7.5	3.8	8.451	6.634	16.1	50.8	2.45	4.50	11.9	1.19	28.4	1.36
6.5	65	40	4.8	7.5	7.5	3.8	8.547	6.709	17.0	55.2	2.54	4.59	12.0	1.19	28.3	1.38
8	80	43	5.0	8.0	8.0	4.0	10.248	8.045	25.3	101	3.15	5.79	16.6	1.27	37.4	1.43
10	100	48	5.3	8.5	8.5	4.2	12.748	10.007	39.7	198	3.95	7.80	25.6	1.41	54.9	1.52
12	120	53	5.5	9.0	9.0	4.5	15.362	12.059	57.7	346	4.75	10.2	37.4	1.56	77.7	1.62
12.6	126	53	5.5	9.0	9.0	4.5	15.692	12.318	62.1	391	4.95	10.2	38.0	1.57	77.1	1.59
14a	140	58	6.0	9.5	9.5	4.8	18.516	14.535	80.5	564	5.52	13.0	53.2	1.70	107	1.71
14b	140	60	8.0	9.5	9.5	4.8	21.316	16.733	87.1	609	5.35	14.1	61.1	1.69	121	1.67
16a	160	63	6.5	10.0	10.0	5.0	21.962	17.240	108	866	6.28	16.3	73.3	1.83	144	1.80
16b	160	65	8.5	10.0	10.0	5.0	25.162	19.752	117	935	6.10	17.6	83.4	1.82	161	1.75

续表

型号	截面尺寸 /mm						截面面积 /cm²	理论重量 /(kg/m)	参 考 数 值								
									X—X			Y—Y				Y₁—Y₁	Z_0
	h	b	d	t	r	r_1			W_X/cm³	I_X/cm⁴	i_X/cm	W_Y/cm³	I_Y/cm⁴	i_Y/cm		I_{Y1}/cm⁴	/cm
18a	180	68	7.0	10.5	10.5	5.2	25.699	20.174	141	1 270	7.04	20.0	98.6	1.96	190	1.88
18b	180	70	9.0	10.5	10.5	5.2	29.299	23.000	152	1 370	6.84	21.5	111	1.95	210	1.84
20a	200	73	7.0	11.0	11.0	5.5	28.837	22.637	178	1 780	7.86	24.2	128	2.11	244	2.01
20b	200	75	9.0	11.0	11.0	5.5	32.837	25.777	191	1 910	7.64	25.9	144	2.09	268	1.95
22a	220	77	7.0	11.5	11.5	5.8	31.846	24.999	218	2 390	8.67	28.2	158	2.23	298	2.10
22b	220	79	9.0	11.5	11.5	5.8	36.246	28.453	234	2 570	8.42	30.1	176	2.21	326	2.03
24a	240	78	7.0	12.0	12.0	6.0	34.217	26.860	254	3 050	9.45	30.5	174	2.25	325	2.10
24b	240	80	9.0	12.0	12.0	6.0	39.017	30.628	274	3 280	9.17	32.5	194	2.23	355	2.03
24c	240	82	11.0	12.0	12.0	6.0	43.817	34.396	293	3 510	8.96	34.4	213	2.21	388	2.00
25a	250	78	7.0	12.0	12.0	6.0	34.917	27.410	270	3 370	9.82	30.6	176	2.24	322	2.07
25b	250	80	9.0	12.0	12.0	6.0	39.917	31.335	282	3 530	9.51	32.7	196	2.22	353	1.98
25c	250	82	11.0	12.0	12.0	6.0	44.917	35.260	295	3 690	9.07	35.9	218	2.21	384	1.92
27a	270	82	7.5	12.5	12.5	6.2	39.284	30.838	323	4 360	10.5	35.5	216	2.34	393	2.13
27b	270	84	9.5	12.5	12.5	6.2	44.684	35.077	347	4 690	10.3	37.7	239	2.31	428	2.06
27c	270	86	11.5	12.5	12.5	6.2	50.084	39.316	372	5 020	10.1	39.8	261	2.28	467	2.03
28a	280	82	7.5	12.5	12.5	6.2	40.034	31.427	340	4 760	10.9	35.7	218	2.33	388	2.10
28b	280	84	9.5	12.5	12.5	6.2	45.634	35.823	366	5 130	10.6	37.9	242	2.30	428	2.02
28c	280	86	11.5	12.5	12.5	6.2	51.234	40.219	393	5 500	10.4	40.3	268	2.29	463	1.95
30a	300	85	7.5	13.5	13.5	6.8	43.902	34.463	403	6 050	11.7	41.1	260	2.43	467	2.17
30b	300	87	9.5	13.5	13.5	6.8	49.902	39.173	433	6 500	11.4	44.0	289	2.41	515	2.13

型号	截面尺寸/mm						截面面积/cm²	理论重量/(kg/m)	参考数值							Z₀/cm
									X—X			Y—Y			Y₁—Y₁	
	h	b	d	t	r	r₁			W_X/cm³	I_X/cm⁴	i_X/cm	W_Y/cm³	I_Y/cm⁴	i_Y/cm	I_{Y1}/cm⁴	
30c	300	89	11.5	13.5	13.5	6.8	55.902	43.883	463	6 950	11.2	46.4	316	2.38	560	2.09
32a	320	88	8.0	14.0	14.0	7.0	48.513	38.083	475	7 600	12.5	46.5	305	2.50	552	2.24
32b	320	90	10.0	14.0	14.0	7.0	54.913	43.107	509	8 140	12.2	49.2	336	2.47	593	2.16
32c	320	92	12.0	14.0	14.0	7.0	61.313	48.131	543	8 690	11.9	52.6	374	2.47	643	2.09
36a	360	96	9.0	16.0	16.0	8.0	60.910	47.814	660	11 900	14.0	63.5	455	2.73	818	2.44
36b	360	98	11.0	16.0	16.0	8.0	68.110	53.466	703	12 700	13.6	66.9	497	2.70	880	2.37
36c	360	100	13.0	16.0	16.0	8.0	73.310	59.118	746	13 400	13.4	70.0	536	2.67	948	2.34
40a	400	100	10.5	18.0	18.0	9.0	75.068	58.928	879	17 600	15.3	78.8	592	2.81	1 070	2.49
40b	400	102	12.5	18.0	18.0	9.0	83.068	65.208	932	18 600	15.0	82.5	640	2.78	1 140	2.44
40c	400	104	14.5	18.0	18.0	9.0	91.068	71.488	986	19 700	14.7	86.2	688	2.75	1 220	2.42

注：表中 r、r_1 的数据用于孔型设计，不做交货条件。

2. 槽钢的截面尺寸允许偏差及通常供应长度

型号	5	6.3	6.5	8	10	12	12.6	14	16	18	20	22	24	25	27	28	30	32	36	40
高度 h/mm	±1.5				±2.0						±3.0								±3.5	
腿宽度 b/mm	±1.5				±2.0				±2.5		±3.0								±3.5	
腰厚度 d/mm	±0.4				±0.5				±0.6		±0.7								±0.8	
弯腰挠度/mm	不应超过 0.15d																			
通常供应长度/m	5~12				5~19						6~19									

附录B   习题答案

第1章   能量法

1. 图1-29(a): $U = \dfrac{F_1^2 a}{2EA_1} + \dfrac{F_1^2 a}{2EA_2} + \dfrac{F_1 F_2 a}{EA_2} + \dfrac{F_2^2 a}{2EA_2}$;

   图1-29(b): $U = \dfrac{2F^2 l}{\pi E d^2}$;

   图1-29(c): $U = \dfrac{7F^2 l}{8\pi E d^2}$;

   图1-29(d): $U = \dfrac{4F^2 l}{9\pi E d^2}$。

2. 图1-30(a): $U = \dfrac{2F^2 a^3}{3EI}$;

   图1-30(b): $U = \dfrac{M^2 l}{3EI}$;

   图1-30(c): $U = \dfrac{M^2 l}{18EI}$。

3. 图1-31(a): $U = \dfrac{1.45F^2 l}{EA}$, $\Delta_{CH} = \dfrac{2.91Fl}{EA}(\downarrow)$;

   图1-31(b): $U = \dfrac{3.81F^2 l}{EA}$, $\Delta_{CH} = \dfrac{7.62Fl}{EA}(\downarrow)$。

4. 图1-32(a): $U = \dfrac{2F^2 a^3}{3EI} + \dfrac{F^2 a}{2EA}$;

   图1-32(b): $U = \dfrac{3q^2 l^5}{20EI}$。

5. 图1-33(a): $\Delta_{CV} = \dfrac{6.83Fa}{EA}(\downarrow)$, $\Delta_{BH} = \dfrac{4Fa}{EA}(\rightarrow)$;

   图1-33(b): $\Delta_{CV} = \dfrac{5.49Fa}{EA}(\downarrow)$, $\Delta_{BF} = -\dfrac{1.41Fa}{EA}(\searrow)$。

6. 图1-34(a): $\Delta_{CV} = \dfrac{2ql^4}{3EI}(\downarrow)$, $\theta_A = -\dfrac{ql^3}{3EI}(\curvearrowright)$;

   图1-34(b): $\Delta_{CV} = \dfrac{ql^4}{192EI}(\downarrow)$, $\theta_A = \dfrac{ql^3}{48EI}(\curvearrowright)$;

   图1-34(c): $\Delta_{CV} = \dfrac{7ql^4}{192EI}(\downarrow)$, $\theta_A = \dfrac{7ql^3}{48EI}(\curvearrowright)$;

   图1-34(d): $\Delta_{CV} = \dfrac{5ql^4}{384EI}(\downarrow)$, $\theta_A = \dfrac{ql^3}{24EI}(\curvearrowright)$。

7. 图1-35(a): $\Delta_{AV} = \dfrac{Fl^3}{12EI} + \dfrac{5Fa}{EA}(\downarrow)$;

   图1-35(b): $\Delta_{AV} = \dfrac{2Fa^3}{3EI} + \dfrac{8\sqrt{2}Fa}{EA}(\downarrow)$。

8. 图 1-36(a):$\Delta_{BH} = \dfrac{11qa^4}{24EI}$($\leftarrow$),$\theta_D = -\dfrac{qa^3}{12EI}$($\curvearrowright$);

   图 1-36(b): $\Delta_{AH} = \dfrac{Fl^3}{2EI}$($\downarrow$),$\theta_C = \dfrac{3Fl^2}{2EI}$($\curvearrowleft$)。

9. $\Delta_{CV} = \dfrac{11ql^4}{24EI} + \dfrac{ql^4}{2GI_p}$($\downarrow$),$\theta_{C1} = \dfrac{ql^3}{6EI} + \dfrac{ql^3}{2GI_p}$($\curvearrowleft$),$\theta_{C2} = \dfrac{ql^3}{2EI}$($\curvearrowright$)。

10. $\Delta_{AB} = -\dfrac{\pi FR^3}{EI}$($\rightarrow\leftarrow$),$\theta_{AB} = 0$。

11. $\Delta_{CV} = \dfrac{qa^4}{24EI}$($\uparrow$)。

12. 图 1-40(a):$\Delta_{AV} = \dfrac{3Fl^3}{16EI}$($\downarrow$),$\theta_A = \dfrac{5Fl^2}{16EI}$($\curvearrowleft$);

    图 1-40(b):$\Delta_{CV} = \dfrac{3Fl^3}{256EI}$($\downarrow$)。

13. 图 1-41(a):$\Delta_{DH} = \dfrac{17Ma^2}{6EI}$($\rightarrow$),$\theta_C = \dfrac{2Ma}{3EI}$($\curvearrowleft$);

    图 1-41(b):$\Delta_{CV} = \dfrac{7ql^4}{8EI}$($\downarrow$),$\Delta_{CH} = -\dfrac{5ql^4}{12EI}$($\leftarrow$)。

14. 图 1-42(a):$\Delta_{CD} = \dfrac{qal^3}{12EI}$($\rightarrow\leftarrow$);

    图 1-42(b):$\Delta_{CD} = \dfrac{22Fa^3}{3EI}$($\rightarrow\leftarrow$)。

15. $\Delta_{BH} = \dfrac{4.83Fl}{EA}$($\rightarrow$)。

16. 图 1-44(a):$\theta_B = \dfrac{Ml}{3EI}$($\searrow$),$\Delta_{CV} = \dfrac{Ml^2}{16EI}$($\downarrow$);

    图 1-44(b):$\theta_B = \dfrac{3ql^3}{128EI}$($\curvearrowleft$),$\Delta_{CV} = \dfrac{5ql^3}{168EI}$($\downarrow$)。

17. 图 1-45(a):$\Delta_{AV} = \dfrac{7Fa^3}{2EI}$($\uparrow$);

    图 1-45(b):$\Delta_{AV} = \dfrac{9Fa^3}{12EI}$($\downarrow$)。

18. 图 1-46(a):$\Delta_{BV} = \dfrac{5ql^4}{24EI}$($\uparrow$),$\theta_B = -\dfrac{ql^3}{3EI}$($\curvearrowleft$);

    图 1-46(b):$\Delta_{BV} = \dfrac{qa^3}{24EI}(4l-a)$($\downarrow$),$\theta_B = \dfrac{qa^3}{6EI}$($\curvearrowleft$);

    图 1-46(c):$\Delta_{BV} = \dfrac{5Fl^3}{384EI}$($\downarrow$),$\theta_B = \dfrac{Fl^2}{12EI}$($\curvearrowleft$)。

19. 图 1-47(a):$\Delta_{CV} = -\dfrac{FabH}{2EI}$($\uparrow$);

    图 1-47(b): $\Delta_{DH} = \dfrac{qHl^3}{12EI}$($\rightarrow$)。

20. 图 1-48(a): $\Delta_{AV} = \dfrac{F}{3EI}(8a^3 + b^3) + \dfrac{Fab}{GI_p}(a+b)$($\downarrow$);

    图 1-48(b): $\Delta_{AV} = \dfrac{F(a^3 + l^3)}{3EI} + \dfrac{Fa^2l}{GI_p}$($\downarrow$)。

21. $\Delta_{AB} = \dfrac{3\pi FR^3}{EI}$($\leftarrow\rightarrow$)。

第 2 章　超静定结构分析

1. 图 2-26(a)：三次超静定；

   图 2-26(b)：一次超静定；

   图 2-26(c)：三次超静定；

   图 2-26(d)：一次超静定。

2. 图 2-27(a)：$F_C = \dfrac{5}{4}ql\ (\uparrow)$；

   图 2-27(b)：$F_B = \dfrac{11}{8}F\ (\uparrow)$，$F_C = F_A = \dfrac{5}{16}F\ (\uparrow)$。

3. $F_B = \dfrac{7}{4}F\ (\uparrow)$，$M_A = \dfrac{Fl}{4}\ (\curvearrowleft)$，$F_A = \dfrac{3}{4}F\ (\downarrow)$，$C$ 点的挠度为 $\dfrac{5Fl^3}{48EI}\ (\downarrow)$。

4. 图 2-29(a)：$F_A = F_B = \dfrac{F}{2}\ (\uparrow)$，$M_A = -M_B = \dfrac{Fl}{8}\ (\curvearrowright)$；

   图 2-29(b)：$F_A = F_B = \dfrac{ql}{2}\ (\uparrow)$，$M_A = -M_B = \dfrac{ql^2}{12}\ (\curvearrowright)$；

   图 2-29(c)：$M_A = M_B = \dfrac{M}{4}\ (\curvearrowleft)$；

   图 2-29(d)：$M_A = \dfrac{Mb}{l}\left(2 - \dfrac{3b}{l}\right)\ (\curvearrowright)$，$M_B = \dfrac{Ma}{l}\left(2 - \dfrac{3a}{l}\right)\ (\curvearrowright)$。

5. $F_B = \dfrac{13}{20}ql\ (\uparrow)$，$F_A = \dfrac{13}{30}ql\ (\uparrow)$，$F_C = \dfrac{1}{10}ql\ (\downarrow)$，$F_D = \dfrac{1}{60}ql\ (\uparrow)$。

6. $F_N = \dfrac{ql}{6\left(1 + \dfrac{8I}{Al^2}\right)}\ (拉)$。

7. $F_C = \dfrac{5}{4}F$，B 端加固前后的挠度之比为 $\dfrac{64}{39} = 1.64$。

8. 图 2-33(a)：$F_B = \dfrac{1}{3}qa\ (\uparrow)$，$M_A = \dfrac{5}{3}qa^2\ (\curvearrowright)$，$F_A = \dfrac{5}{3}qa\ (\uparrow)$；

   图 2-33(b)：$F_{Bx} = \dfrac{Fab}{2h\left(a + b + \dfrac{2h}{3}\right)}\ (\leftarrow)$。

9. 图 2-34(a)：$F_{By} = \dfrac{M}{2l}\ (\downarrow)$，$F_{Bx} = \dfrac{M}{2l}\ (\rightarrow)$；

   图 2-34(b)：$F_{Ay} = \dfrac{1}{16}qa\ (\downarrow)$，$F_{Ax} = \dfrac{9}{16}qa\ (\rightarrow)$。

10. $b = \dfrac{2}{3}l$。

11. 图 2-36(a)：$M_{max} = \dfrac{5}{72}ql^2$（在水平杆中点），$F_{Bx} = \dfrac{1}{12}ql\ (\leftarrow)$，$F_{By} = \dfrac{1}{2}ql\ (\uparrow)$，$M_B = \dfrac{ql^2}{36}\ (\curvearrowright)$；

   图 2-36(b)：$F_{Ax} = F_{Bx} = \dfrac{F}{2}\ (\leftarrow)$，$F_{Ay} = \dfrac{3}{7}F\ (\downarrow)$，$F_{By} = \dfrac{3}{7}F\ (\uparrow)$，$M_{max} = \dfrac{2}{7}Fl\ (\curvearrowright)$（在 A、B 截面）；

图 2-36(c):C 处的轴力为 $\frac{3}{8}F$(压),$M_{max} = \frac{Fl}{4}$;

图 2-36(d):$F_{By} = 2F(\uparrow)$,$F_{Bx} = F(\leftarrow)$,$M_{max} = Fl$。

12. 图 2-37(a):支座 B 处的铅垂支反力为 $\frac{M}{2R}(\uparrow)$;

图 2-37(b):C 处的轴力为 $\frac{F}{3\pi - 8}$(压);

图 2-37(c):固定端 B 处的支反力为 $F_{By} = \frac{F}{\pi}(\downarrow)$,$F_{Bx} = \frac{F}{2}(\rightarrow)$,$M_B = \frac{\pi - 2}{2\pi}FR(\curvearrowright)$。

13. 图 2-38(a):$|M|_{max} = \frac{qa^2}{12}$(在 A、B 截面),$\Delta_{AB} = \frac{qa^4}{64EI}$;

图 2-38(b):$|M|_{max} = \frac{3}{8}Fa$(在 A、B 截面),$\Delta_{AB} = \frac{5}{24}Fa^3$。

14. (1) C 处的铅垂支反力为 $F_C = \frac{1 + 2\sqrt{2}}{3 + 4\sqrt{2}}F = 0.442F(\uparrow)$;

(2) 杆 1、2、3、4 的轴力为 $\frac{\sqrt{2}-1}{2}F$(拉),杆 5 的轴力为 $\frac{\sqrt{2}-2}{2}F$(压),杆 6 的轴力为 $\frac{\sqrt{2}}{2}F$(拉);

(3) 支座 A 处的水平支反力为 $F_A = \frac{8\sqrt{2} + 5\sqrt{5} + 2}{8\sqrt{2} + 10\sqrt{5} + 4}F = 0.65F(\rightarrow)$。

15. 截面 A 处的内力:轴力为 $\frac{F}{\sqrt{3}}$(压),弯矩为 $\left(\frac{1}{\sqrt{3}} - \frac{3}{2\pi}\right)FR = 0.1FR$;

C 点的径向位移为 $\Delta_{CO} = \frac{0.016FR^3}{EI}$。

17. $M_B = M_C = -\frac{ql^2}{10}$,$F_B = F_C = \frac{11}{10}ql(\uparrow)$,$F_A = F_D = \frac{2}{5}ql(\uparrow)$。

第 3 章　平面曲杆

1. $\sigma_{max} = 98.5$ MPa。

2. 按曲杆公式计算:$\sigma_内 = 154$ MPa,$\sigma_外 = 87.5$ MPa;

按直梁公式计算:$\sigma = 112.5$ MPa;

误差:$\Delta_内 = 26.9\%$,$\Delta_外 = 28.6\%$。

3. $\sigma_{max} = 103$ MPa。

4. $F = 3.48$ kN。

5. $\sigma_{max} = 142$ MPa。

6. $\sigma_A = 26.1$ MPa,$\sigma_B = -60.9$ MPa。

7. $\sigma_A = -1.62$ MPa,$\sigma_B = 2.41$ MPa。

8. $\sigma_{曲杆} / \sigma_{直杆} = 1.44$。

9. $F = 79$ N。

第 4 章　动 载 荷

1. 工字钢:$\sigma_{dmax} = 125$ MPa;吊索:$\sigma_{dmax} = 27.9$ MPa。

2. $\sigma_d = 256$ MPa,$(\Delta l)_d = 5.8$ mm。

3. $\sigma_d = 43.5$ MPa $<$ $[\sigma]$，安全。

4. 杆 CD : $\sigma_{dmax} = 2.27$ MPa $<$ $[\sigma]$，安全；

   轴 AB : $\sigma_{dmax} = 68.2$ MPa $<$ $[\sigma]$，安全。

5. $\sigma_{dmax} = 107$ MPa。

6. $\sigma_{dmax} = 12.5$ MPa。

7. $\sigma_{dmax} = 88$ MPa。

8. $\sigma_{dmax} = 23.3$ MPa，$\sigma_{dmin} = 12.7$ MPa。

9. $\sigma_{dmax} = 15$ MPa，$y_{max} = 20$ mm。

10. $H = 24.3$ mm。

11. $\sigma_{dmax} = \dfrac{v}{W}\sqrt{\dfrac{3PEI}{gl}}$。

12. 轴内最大切应力为 $\tau_{dmax} = 80.7$ MPa，绳内最大正应力为 $\sigma_{dmax} = 142.5$ MPa。

13. 有弹簧：$H = 384$ mm；无弹簧：$H = 9.56$ mm。

14. $P_d = 141.4$ kN。

第 5 章　疲　　劳

5. $D = 76$ mm。

6. $D = 65$ mm。

7. 宽 54 mm，高 173 mm。

8. 1.98。

参 考 文 献

[1] 刘鸿文. 材料力学[M]. 2 版. 北京:高等教育出版社,1982.

[2] S. 铁摩辛柯,J. 盖尔. 材料力学[M]. 胡人礼,译. 北京:科学出版社,1978.

[3] 胡国华. 材料力学[M]. 重庆:重庆大学出版社,1991.

[4] 杜星文. 材料力学[M]. 哈尔滨:哈尔滨工业大学出版社,1985.

[5] 孙训方,方孝淑,关来泰. 材料力学[M]. 北京:人民教育出版社,1979.

[6] 苏翼林. 材料力学[M]. 2 版. 北京:高等教育出版社,1987.

[7] 单辉祖. 材料力学[M]. 2 版. 北京:国防工业出版社,1986.